主　　编：徐志宏　陈秀龙

副 主 编：陈李红

参编人员：孙善松　李苏萍

吴沧松　王江美

宋裕民　陈李红

陈秀龙　徐志宏

目　录

虫　害

常见花木病虫害实用图典

徐志宏　陈秀龙　主编

中国农业出版社

图书在版编目（CIP）数据

常见花木病虫害实用图典 / 徐志宏，陈秀龙主编．—北京：中国农业出版社，2007.2
ISBN 978-7-109-11406-7

Ⅰ.常… Ⅱ.①徐… ②陈… Ⅲ.园林植物－病虫害防治方法－图谱 Ⅳ.S436.8-64

中国版本图书馆 CIP 数据核字（2007）第 005242 号

中国农业出版社出版
（北京市朝阳区农展馆北路 2 号）
（邮政编码 100125）
责任编辑　李振卿　张鸿燕

中国农业出版社印刷厂印刷　　新华书店北京发行所发行
2007 年 3 月第 1 版　　2009 年 5 月北京第 3 次印刷

开本：889mm × 1194mm 1/64　　印张：2.625
字数：50 千字　　印数：12 001 ~ 17 000 册
定价：15.00 元

病　害

虫害

1. 白蚁

常见的有台湾乳白蚁和黑翅土白蚁。可为害松、杉、柏、樟、槐、榆、枫等多种树木，不论苗木、成树均受其害。苗木受害后成活率低或枝梢缩短。成树受害后，枝叶稀疏，大量落叶，易被风折，严重时全株枯死。

发生规律 黑翅土白蚁长年匿居地下，为害树木时一般先取食树干表皮和木栓层，后期才逐渐向木质部深入。5~6月是为害高峰，7~8月则在早、晚和雨后活动，9月又形成高峰。蚁巢附近有泥被、泥线。无翅蚁畏光，有翅蚁趋光。群飞前工蚁用新土粒在蚁巢附近植被稀的地方堆成高出地面的群飞孔，群飞孔离蚁巢1~5米。高峰在4月底到5月初。

防治方法 ①清理朽木和树根，减少白蚁食料。②诱杀处理，在甘蔗渣、蕨类植物或松花粉等中加入少量糖和0.5%~1%的灭幼脲3号、卡死克或抑太保，制成毒饵，投放于白蚁活动的主路、取食蚁路、泥被、泥线及群飞孔附近。③苗床、果园用氯氰菊酯、氰戊菊酯、溴氰菊酯或辛硫磷等药按每667米^2（折合1亩）200毫升对水淋浇，浇后盖土。④发现蚁巢后用50%辛硫磷乳油 150~200倍液，每巢用 20千克药液灌巢。

白蚁工蚁

白蚁危害

2. 蝗虫

常见的有短额负蝗和尖翅蝗。可为害杜鹃、牡丹等多种花卉和草坪。成虫和若虫均取食叶片，造成缺刻和孔洞，发生多时可食光叶肉仅剩主脉，使大面积叶片残缺。此虫还取食花蕾及花，使花残破或脱落。

发生规律 一年发生2代，以卵在土中卵囊内越冬。翌年5月上旬越冬卵孵化，5月中旬至6月上旬孵化盛期。成虫于6月下旬羽化，7月上旬成虫开始产卵，7月中、下旬为产卵盛期。第1代若虫7月下旬开始孵化，8月上、中旬孵化盛期。8月中旬至9月下旬为第1代成虫发生期。9月中、下旬第1代成虫开始产卵，10月下旬至11月上旬产卵盛期。成虫和若虫均善跳跃。以上午11时前和下午3～5时取食最烈，其他时间多在作物或杂草处躲藏。交尾后即产卵于土中成块，并以胶状卵囊包被。喜在地面平整、土壤松实适中、杂草稀少的洼地产卵，深度一般在2～4厘米，每块卵10～20粒。初孵若虫有群集性，2龄后分散，与成虫同在枝叶上为害。

防治方法 若虫为害期每公顷喷洒80%敌敌畏乳油、或50%马拉硫磷乳油、或50%杀螟松乳油、或阿维苏云可湿性粉剂900克加水900～1 125千克，或每公顷喷洒2.5%溴氰菊酯乳油、或20%氰戊菊酯乳油375毫升加水1 125千克。

尖翅蝗

3. 网蝽

又称军配虫。常见的主要有杜鹃冠网蝽、梨冠网蝽和樟脊网蝽。杜鹃冠网蝽是杜鹃花的主要害虫。以若虫和成虫为害叶片，吸食汁液，排泄蜜露，使叶片背面呈锈黄色，叶片正面出现白色斑点，严重影响光合作用，植物生长缓慢，提早落叶，大大影响观赏价值。樟脊网蝽为害香樟，梨冠网蝽为害梅花、樱花、月季、杜鹃、西府海棠、贴梗海棠等花木。成虫和若虫在叶片背面刺吸汁液，被害叶片形成苍白色斑点，叶背面可见锈黄色，受害严重时，叶片枯黄脱落。

发生规律 杜鹃冠网蝽以成虫在树皮裂缝、枯枝落叶、杂草丛中或表土缝中越冬，每雌产卵15~60粒，产卵处外面留有1个中央稍凹陷的小黑点。5月下旬卵开始孵化，6月中旬第1代大量出现，成虫期一般在1个月以上，产卵期也长。为害以7~8月份最为严重，10月中、下旬以后成虫开始越冬，梨冠网蝽与杜鹃冠网蝽相似。樟脊网蝽以卵在叶片主脉和第一分脉两侧叶组织中越冬，越冬卵4月下旬开始孵化，若虫聚集叶背刺吸为害，主要为害中下部叶片，6月第1代成虫开始出现。若虫历期2~3周，9月下旬开始出现越冬卵，成虫终见于11月中旬。

防治方法 ①在盆栽杜鹃花上发生少量害虫时，可用

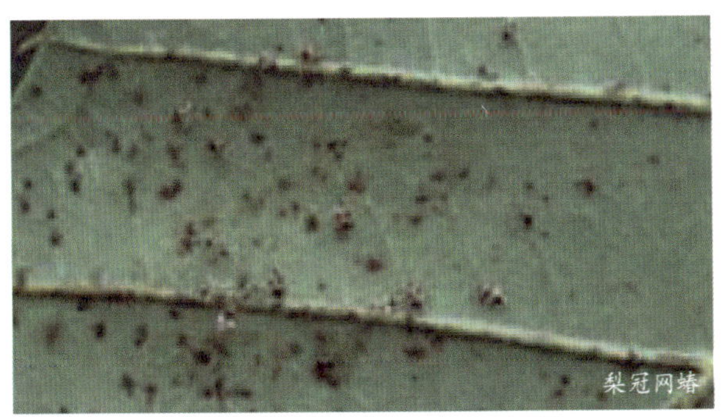
梨冠网蝽

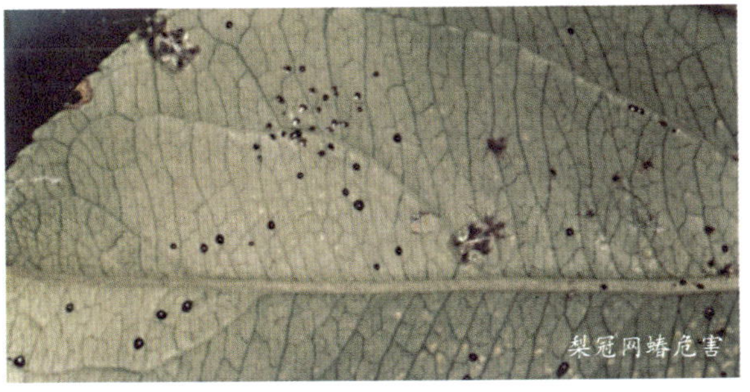
梨冠网蝽危害

人工捕杀。大面积发生时，每667米^{2}可喷10%吡虫啉50毫升对水125～150千克，19%灭百可50毫升对水100千克或50%杀螟松乳油50毫升对水100～200千克，80%敌敌畏乳油50毫升对水75～100千克，效果良好。②用3%呋喃丹颗粒剂埋入盆栽杜鹃花的土壤中（每盆5克左右，入土深5厘米），可达到防虫的目的。

4. 蚜虫

主要有绣线菊蚜为害樱花、绣球花、夹竹桃、贴梗海棠、西府海棠、栀子花、桂花、榆叶梅、白兰、花桃等多种花木，紫薇长斑蚜为害紫薇，棉蚜为害扶桑、蜀葵、木槿、兰花、玫瑰、石榴、香石竹、百合、菊花、海棠、茶花、仙客来等数十种花卉，月季长管蚜主要为害月季等花卉，荷缢管蚜主要为害荷花、睡莲、香蒲、梅花、花桃等。

发生规律 一般以卵越冬，来年温度上升到10℃以上时孵化，先为害越冬寄主，经3～4代后产生有翅迁移蚜，4～5月份为害最重，5月后迁到夏季寄主上为害，10月份迁到越冬寄主上继续繁殖，7～8月间若为高温和连续阴雨天气，蚜虫数量下降，9月下旬、10月上旬又开始回升。适宜的繁殖温度为20℃左右，气候干燥有利于蚜虫繁殖。11月份产生有翅雄蚜和无翅雌蚜，交尾产卵越冬。

防治方法 ①冬、春刮除老树皮或刷除越冬卵。冬、春常铲除田边地杂草，喷洒吡虫啉消灭越冬寄主上的蚜虫，减少虫源。②越冬卵孵化后及为害期及时喷洒50%辟蚜雾可湿性粉剂50毫升对水100千克或20%灭多威乳油50毫升对水75千克，50%蚜松乳油50毫升对水75千克，50%辛硫磷乳油50毫升对水100千克，80%敌敌畏乳油50毫升对水50千克，10%吡虫啉乳油50毫升对水75千克或洗衣粉50克对水25千克，均可防治。对于水生植物上荷缢管

紫薇长斑蚜

棉　蚜

绣线菊蚜

蚜的防治，选用药剂应特别注意，因为许多药剂对鱼类毒害很大，防治可用50%灭蚜松乳油50毫升对水50千克喷施防治，或喷施50%双硫磷乳油50毫升对水100千克，该药对鱼类毒性小。

5. 蓟马

主要有为害切花的花蓟马和为害银杏等树木的茶黄蓟马。现代月季、满天星、香石竹、非洲菊等作物上为害严重，为害面越来越广，造成切花品质下降。

发生规律 尚未开放的花蕾上，蓟马分布在萼片与花瓣之间。施药后有防治效果的，待花蕾开放后花内虫少。在蓟马进入花蕾前施药效果较好。

防治方法 ①适用药剂有杀虫双、万灵、莫比朗、锐劲特，效果最好的是锐劲特和杀虫双。5% 锐劲特 1 000 倍液的相对防效 95.3%，18% 杀虫双 200 倍液的相对防效为 96.9%，万灵 2 000～3 000 倍液相对防效 90.6%。②菜喜对蓟马防效明显好于其他药剂，施药后 1 天，相对防效达92.7%，施药后 5 天，相对防效达 95.2%；阿克泰处理蚜虫死亡率可达100%。

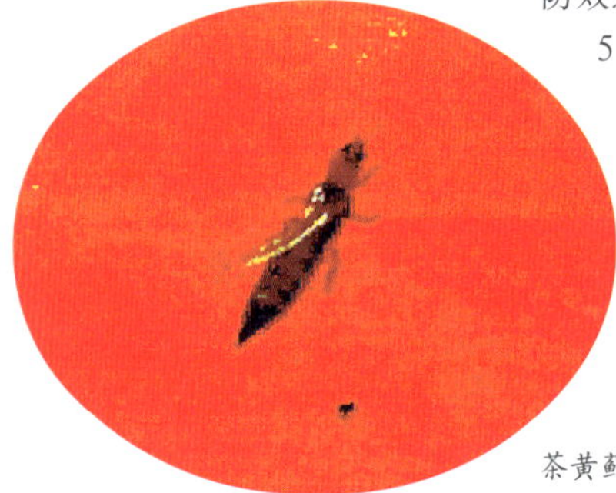
茶黄蓟马

6.介壳虫

常见的有为害香樟、构骨等多种花木的红蜡蚧，为害合欢的日本纽绵蚧，为害杜鹃的日本壶蚧，以及为害花桃的桑白蚧等。以成虫、若虫群聚于叶、梢等处为害，月季、金橘、茶花、牡丹、海桐、黄杨、火棘、花梅、含笑、悬铃木等多种观赏植物受害后延迟萌芽和长叶，枝条枯死并可诱发煤病。

发生规律 红蜡蚧年发生1代，以受精雌成虫越冬。5月中旬开始产卵盛期，其后产卵量急剧下降，到6月下旬至7月中旬产卵结束，群体产卵期约50天。桑白蚧每年3代，均以当年末代受精雌成虫越冬，第1、2、3代若虫孵化盛期分别在5月中、下旬，7月中、下旬和9月。吹绵蚧1年发生2～3代，以雌成虫或若虫越冬，发生极不规律，全年均可发现成虫和若虫，一般在6～10月间若虫发生较多。

防治方法 ①3～4月修剪虫害枯枝，同时加强肥水管理，促发新芽。②3月中、下旬用10%吡虫啉乳油加上5倍柴油或50%辛硫磷乳剂50千克对水500千克，涂刷树干离地50厘米高处，操作时先刮除老皮20厘米宽环状，涂后用塑料薄膜包扎。③5月初随机选10个有虫枝条，放入玻管塞上棉花，放在室内阴凉处，每天观察，再结合林间观察，在林间若虫盛孵期用药。一般年份是在5月中、下旬，此时采用喷药的方法进行防治效果最好，如虫口密度大，6月上旬再治一次。药剂每公顷可用10%吡虫啉乳油、40%乐斯本乳油、40%杀扑磷乳油1 000毫升对水1 000千克，20%速灭杀丁乳油50毫升对水75千克，10%氯氰菊酯乳油50毫升对水75千克或用40%速扑杀乳油1 000毫升对水1 000千克治一次即可。④冬季清园可用95%机油乳剂60～80倍杀灭越冬虫态。

红蜡蚧若虫

红蜡蚧

日本纽绵蚧

日本壶蚧

7. 木虱

虫害

朴木虱主要为害朴树，可形成大量叶瘿。梧桐木虱主要为害梧桐也为害楸、樟等，可使为害部位失绿、正面呈紫红色隆起，叶畸形、枯焦、落叶。

发生规律 朴木虱1年发生1代，以卵在芽片内越冬。历年4月上旬前后气温上升，朴树初展嫩叶时，卵开始孵化。若虫在嫩叶背面吸食汁液固定为害，其逐渐形成椭圆形白色蜡壳，其长径4～8毫米，短径3～4毫米。4月下旬在叶面形成长角状虫瘿，瘿角长4～8毫米，被害严重时一叶有瘿角30多个，瘿角反面白色圆形蜡壳明显，此时若虫已近老熟，于5月中旬前后成虫大量羽化，成虫从蜡壳边缘爬出，停息叶上，稍受惊动即可飞起，成虫交尾后，产卵于芽片内越冬。樟木虱1年发生3代，少部分1年发生2代，极少部分1年发生1代，均以2龄若虫在香樟叶背越冬，越冬代若虫2月中、下旬开始生长发育。梧桐木虱1年发生2代，以卵在枝干上越冬，越冬代卵5月上、中旬孵化。

防治方法 ①木虱为害尚未形成虫瘿角前或卵孵高峰，用10%吡虫啉乳油1 500倍液或40%杀扑磷800～1 000倍液，均有良好防治作用。②苗木调运是传播的重要途径，应加强苗木检疫工作。③10%吡虫啉乳油对水5倍或50%辛硫磷乳剂50千克对水500千克，涂刷树干离地50厘米高

朴木虱

朴木虱虫瘿

处，操作时先环状刮除老皮露出青皮20厘米宽，涂药后用塑料薄膜包扎。

虫害

8. 粉虱

主要有黑刺粉虱，为害山茶、香樟等树木。温室白粉虱为害瓜叶菊、天竺葵、茉莉、扶桑、倒挂金钟、金盏花、万寿菊、一串红、一品红、月季、牡丹、绣球、大丽花等70多种观赏植物。成若虫刺吸叶和嫩枝的汁液，被害叶出现失绿黄白斑点，进而全叶苍白早落。排泄蜜露可诱致煤污病发生。

发生规律 黑刺粉虱一年4代，以若虫于叶背越冬。越冬若虫3月间化蛹，3月下旬至4月羽化。世代不整齐，从3月中旬至11月下旬田间各虫态均可见。各代若虫发生期：第1代4月下旬至6月，第2代6月下旬至7月中旬，第3代7月中旬至9月上旬，第4代10月至翌年2月，每年发生10多代。在温室内可终年繁殖，繁殖快，产卵量大，世代重叠严重，以各种虫态在温室植物上越冬。成虫喜欢群集在上部嫩叶背面取食和产卵，随着植物生长，成虫不断向上部嫩叶转移。一般最上部嫩叶以成虫和初产卵最多，稍下部叶片为即将孵化的卵和初孵若虫，再往下为2～3龄幼虫，最下部叶片以蛹为多。

防治方法 ①加强管理，合理修剪，使通风透光良好，可减轻发生与为害。②早春发芽前结合防治蚧虫、蚜虫、红蜘蛛等害虫，喷洒含油量5%的柴油乳剂或黏土柴油乳剂，毒杀越冬若虫有较好效果。③1～2龄时施药效果好，可喷

白粉虱若虫

白粉虱

黑刺粉虱

洒50%稻丰散乳油1 500～2 000倍液、80%敌敌畏乳油或40%乐果乳油或50%磷胺乳油、50%马拉硫磷乳油、50%杀螟松乳油1 000倍液、10%天王星乳油5 000～6 000倍液、25%灭螨猛乳油1000倍液、20%吡虫啉浓可溶剂3 000～4 000倍液、20%灭扫利乳油2 000倍液、1.8%爱福丁乳油4 000～5 000倍液、5%锐劲特悬浮剂1 500倍液、10%扑虱灵乳油1 000倍液。3龄及其以后各虫态的防治，最好用含油量0.4%～0.5%的矿物油乳剂混用上述药剂，可提高杀虫效果，单用化学农药效果不佳。④注意保护和引放天敌。

9. 叶蝉

主要有桃一点叶蝉吸汁为害多种蔷薇科花木，小绿叶蝉为害山茶、茶梅等，黑尾大叶蝉为害杜英等，大青叶蝉为害多种花木。长江流域各省普遍发生，成虫在晚秋群集于苗木和枝上产卵。产卵时将产卵管刺入枝条皮层，上下活动，刺成半月形伤口，然后产卵其中，使皮层鼓起，用手压可挤出黄色脓液（实为卵破裂所致）。产卵比较多的苗木或幼树的枝条越冬时干枯死亡。

发生规律 桃一点叶蝉一年发生6代，以成虫在常绿树上越冬。翌春桃树现蕾萌芽时，越冬成虫从越冬寄主向桃树迁飞。早期吸食桃花的花萼和花瓣的汁液，形成半透明的斑点，落花后转而为害叶片。成虫和若虫在叶片上吸食汁液，若虫喜群集叶背为害，被害叶呈现失绿白斑，严重时全树叶片苍白色，提早落叶，严重影响树势和产量。一年中以7～9月为发生严重时期。大青叶蝉一般每年发生3代，以卵在核桃或其他树枝条的皮下越冬。第二年4月下旬至5月上旬孵化幼虫，转移为害农作物、杂草等。7月上旬发生第2代成虫，8月下旬发生第3代成虫。10月份“霜降”以后，农作物已收割，成虫向核桃树上迁移。大批成虫群集在一年生枝条上产卵越冬。

防治方法 虫口密度大时，可用敌杀死2 000倍液、功夫4 000倍液或10%吡虫啉2 000倍液喷杀。一般要喷2～3次，每隔7～10天喷1次，杀虫效果好。

黑尾大叶蝉

小绿叶蝉

桃一点叶蝉

10.蚱蝉

常见有黑蚱和蟪蟟。成虫为害悬铃木、杨、柳、榆、槐等多种花木。雌成虫产卵时，将产卵器刺入枝条和枝梗组织内产卵，造成机械损伤，严重影响了水分和养分的输送，致使受害枝条枯死，造成损失。

发生规律 数年完成1代，以在寄主植物组织内的卵和土壤中的若虫越冬，越冬卵于次年5月陆续孵化。一龄若虫落地入土，一般在土深20厘米以内，围着树根营造土室，以吸食树根的汁液为生。越冬后的末龄若虫，在翌年初夏雨后的夜晚出土爬上果树，攀附在树干、枝叶上或其他适宜的部位，不久就可羽化为成虫。每年4月底至9月可见成虫发生，6～7月为产卵盛期，卵多产于直径为4～5毫米的末级梢和枝梗上，产卵时将产卵器插入产卵枝条上，有卵窝10多个，卵窝枝条纵列或不规则螺旋状向上，卵期约300多天。雌成虫寿命60～70天。

防治方法 ①秋、冬季结合翻土，杀死部分若虫。8月结合花木修剪，剪除刚枯死的枝条，减少虫源。在若虫出土羽化前，可用尼龙薄膜围包树干，减少若虫上树羽化，并掌握若虫出土羽化期，在傍晚和清晨进行捕杀。在成虫羽化盛期，利用成虫在夜间群集栖息树下的习性，可举火把照明摇动树体，成虫即趋光扑火，以捕杀之。②对虫口密度较大的花木地，在成虫盛发期，早晨喷洒20%灭扫

黑蚱危害

黑蚱危害

黑　蚱

召　潦

利乳油 1 500 倍液，或 2.5% 敌杀死乳油或 2.5% 功夫乳油 2 000～2 500 倍液，或 40% 辛硫磷乳油 800 倍液，可获良好防治效果。

11.蜡蝉

主要有山东广翅蜡蝉和缘纹广翅蜡蝉。严重为害杜英、含笑等多种花木。常以成虫及若虫群聚叶梢吸汁为害，造成枝枯叶落，并能诱发煤病。雌虫产卵于枝梢，造成枝梢伤痕累累，易风折。

发生规律 一年均发生1代，以卵在叶梢上茎中越冬。每年5月成虫开始羽化，6~9月间均可见到成虫，7~9月为成虫盛发期。

防治方法 6月上旬在幼龄若虫高峰时防治效果最好，如虫口密度大，6月下旬再治一次。药剂每公顷可用40%速扑杀乳油、10%吡虫啉乳油1 000 毫升对水1 000千克，35%快克乳油1 000毫升对水800千克，40%杀扑磷乳油1 000 毫升对水1 000千克。

山东广翅蜡蝉

山东广翅蜡蝉若虫

山东广翅产卵痕

12. 刺蛾

主要有黄刺蛾、扁刺蛾、丽绿刺蛾。食性杂，能为害120余种花木。主要有花桃、山茶、榆、悬铃木、枫香、海棠、火棘、继木等林木花卉。

发生规律 黄刺蛾每年发生1～2代。以老熟幼虫结茧在树杈、枝条上越冬。5月上旬化蛹，成虫于5月底至6月上旬羽化，7月份为幼虫为害盛期。褐绿刺蛾每年发生3代，均以前蛹于茧内越冬，结茧于干基浅土层或枝干上。4月下旬开始化蛹，越冬代成虫5月中旬始见，第1代幼虫6～7月发生，第1代成虫8月中、下旬出现；第2代幼虫8月下旬至10月中旬发生。10月上旬陆续老熟于枝干上或入土结茧越冬。扁刺蛾每年发生1～2代。以老熟幼虫结茧在树杈、枝条上越冬，5月上旬化蛹，成虫于5月底至6月上旬羽化，7月份为幼虫为害盛期。

防治方法 ①秋、冬季摘虫茧，放入纱笼，网孔以刺蛾成虫不能逃出为准，保护和引放寄生蜂。②幼虫群集为害期人工捕杀，捕杀时注意幼虫毒毛。③利用黑光灯诱杀成虫。④幼虫发生期施药防治，每公顷选用阿维苏云可湿性粉剂300克加水900～1 125千克，或50%辛硫磷乳油750毫升对水750千克，80%敌敌畏乳油750毫升对水1 500千克，7.5%鱼藤精750毫升对水600千克，10%二氯苯醚菊酯乳油、2.5%溴氰菊酯乳油、20%杀灭菊酯乳油750毫升

丽绿刺蛾幼虫

扁刺蛾幼虫

黄刺蛾幼虫

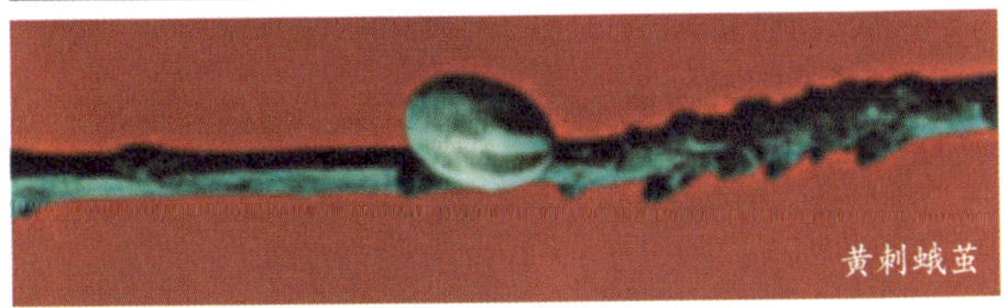
黄刺蛾茧

对水 1 500 千克进行防治。⑤ 7 月份为幼虫为害盛期，用50%杀螟松乳剂10倍液或50%久效磷乳剂20倍液涂干，然后用塑料布包扎好。

虫害

13. 蓑蛾

主要有大蓑蛾和茶蓑蛾。幼虫藏身丝质囊中，咬食叶片。可为害樱花、梅、山茶、柳、枫杨、榆、槐、杨等多种花木。

发生规律 每年1代，以老熟幼虫在袋囊中越冬，4～6月化蛹，5月中旬至7月上旬成虫羽化，6～7月为害最盛，11月前后老熟幼虫越冬。

防治方法 ①人工摘除袋囊。②7月上旬幼虫孵化期每公顷用90%晶体敌百虫1 000 克对水1 000千克或80%敌敌畏乳油1 000 毫升对水1 000千克，或阿维苏云可湿性粉剂300克加水900～1 125千克，2.5%溴氰菊酯乳油500毫升对水1 000千克。

大蓑蛾

茶蓑蛾

三种蓑蛾

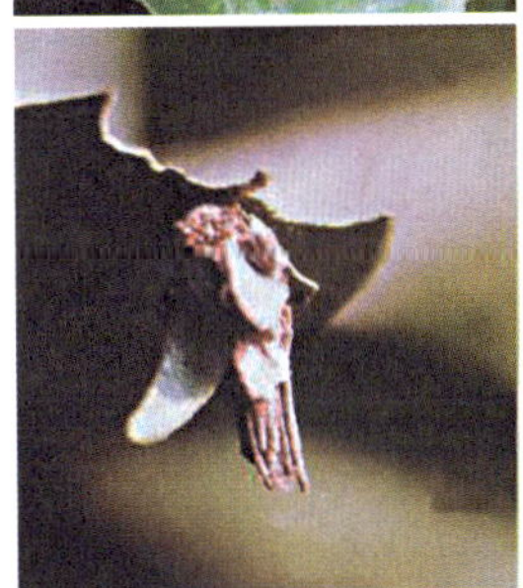

14. 毒蛾

常见有黄尾毒蛾。主要为害樱花、梅、山茶、柳、枫杨等。幼虫取食植株芽、叶，尤以越冬幼虫咀食春芽严重，可将全树花芽吃光，至夏、秋梢萌叶亦被食尽。

发生规律 1年均发生3～4代，受气候的影响很大。各地均以三四龄幼虫在树干粗皮裂缝内或枯叶里结茧越冬。6月～8月上旬为害最盛。

防治方法 ①束草诱杀。8～9月在幼虫越冬前，把稻草（或干草）束缚在果树主干上，诱集幼虫潜藏越冬，翌春幼虫出蛰前，及时解草处理，消灭越冬幼虫。②秋季清扫果园落叶，春季刮除树木老皮，消灭越冬幼虫。③结合果园管理，注意寻找卵块和蛹茧，此外，3龄前的幼虫多群集在叶背为害，宜增加巡视，及时摘除捕杀。④幼虫发生期每公顷用90%晶体敌百虫500～750毫升对水1 000千克，或辛硫磷乳油1 000毫升对水2 000千克，或50%敌敌畏乳油1 000毫升对水1 000千克，或阿维苏云可湿性粉剂300克加水900～1 125千克。

舞毒蛾幼虫

毒蛾卵

黄尾毒蛾幼虫

15. 舟蛾

主要有栎掌舟蛾、分月扇舟蛾、杨二尾舟蛾。可为害樱花、梅、枫杨、栎等多种林木。以幼虫取食树叶片，为害时常自树株顶部或某一枝条梢端开始，逐渐累及下方，多点片发生。

发生规律 每年发生1代，以蛹在寄主附近的表土层内越冬。翌年7月初至8月初为成虫羽化盛期，7月下旬至9月间为幼虫发生为害期。9月中、下旬幼虫先后老热，吐丝落地入土化蛹越冬。成虫多产卵于寄主叶片背面，幼虫共5龄，3龄以前群集在一起为害，3龄后分散为害。

防治方法 ①利用幼虫3龄前群集为害和受惊吐丝下垂的习性，剪除虫枝，人工捕杀。②7~8月份幼虫发生期每公顷用50%辛硫磷乳油1 000 毫升对水1 000~1 500千克或50%杀螟松乳油1 000毫升对水1 000~1 500千克，或10%高效氯氰菊酯乳油500毫升对水1 000千克或阿维苏云可湿性粉剂300克加水900~1 125千克。9月中、下旬幼虫老热入土化蛹期，树冠下地面每公顷用50%辛硫磷乳油500 毫升对水1 000千克喷淋。

分月扇舟蛾

杨二尾舟蛾幼虫

分月扇舟蛾卵

栎掌舟蛾幼虫

16.尺蠖

常见有棉大造桥虫、木撩尺蠖、丝棉木金星尺蠖，幼虫能取食多种园林植物，如大叶黄杨、丝棉木、卫矛等，大发生年份几天内吃光花木叶子，严重威胁花木生产。

发生规律 木撩尺蠖1年2～3代，以蛹在堰根下或梯田石缝内、树干周围土内越冬，以3厘米深处为最多。成虫羽化后 停息于土缝内或石块上，7月中旬气温高时成虫活泼，趋光性强。卵成块状，每雌产卵3 000粒以上。幼虫蜕皮前1～2日爬或吐丝下垂着地，在树冠下化蛹。在这些地方常发现其十个或几百个聚在一起。丝棉木金星尺蠖每年发生3～4代，以蛹在土中越冬。

防治方法 ①蛹密度大的地区，在结冻前和早春解冻后，可进行人工刨蛹。②成虫早晨不爱活动，可以捕杀。成虫趋光性强，在发生密度较大的地方，羽化盛期可用堆火或黑光灯诱杀。③喷药应在幼虫4龄前进行，即在成虫羽化盛期过后23～25天。每公顷选用阿维苏云可湿性粉剂300克加水900～1 125千克，90%晶体敌百虫800倍液，25%西维因可湿性粉剂300～500倍液，75%辛硫磷乳油2 000倍液，50%亚胺硫磷乳油2 000倍液防治。

棉大造桥虫

木撩尺蛾

丝棉木金星尺蠖

17. 夜蛾

虫害

常见的斜纹夜蛾、剑纹夜蛾以幼虫食叶，可为害多种草、木本花卉，对草坪为害也重，易暴发成灾；小地老虎以幼虫咬断菊花、万寿菊、金盏菊、大丽花、孔雀草、鸡冠花、羽衣甘蓝、香石竹等多种花卉的幼苗。

发生规律 斜纹夜蛾在浙江每年发生5~6代。越冬代6月上旬盛发，第1代成虫6月下旬至7月初盛发，以第1代和第2代幼虫为害种苗最重。老熟幼虫、蛹在土下越冬，但越冬基数不高，主要虫源由南方迁入。成虫昼伏夜出，白天隐藏在植株茂密处、土缝、杂草丛中，夜晚活动，以晚20~24时为盛。有趋光性和趋化性，需要补充营养。喜食糖醋液、发酵物及花蜜。幼虫白天隐藏于阴蔽处，晚上取食为害。幼虫老熟后入土做室化蛹。以土壤含水量20%左右最有利化蛹羽化，土壤板结时则在表土下或枯叶内化蛹。小地老虎一年发生1~5代，多以老熟幼虫在土中越冬。成虫白天潜伏在土缝、杂草丛或其他隐藏处，夜出活动、取食、交尾、产卵，晚上7~10时活动最旺盛。有强烈趋化性，对黑光灯的趋性强。雌蛾产卵在土块、地面缝隙、枯草、须根及幼苗叶片反面等处。幼虫有6龄，以春季第1代幼虫为害最严重。3龄前幼虫常栖息在植株的心叶、叶背，昼夜活动取食，咬成许多小孔或缺刻。3龄后，白天潜入土下15毫米

斜纹夜蛾幼虫

小地老虎幼虫

剑纹夜蛾幼虫

左右，夜间出土活动为害，咬断整株幼苗，连茎带叶拖入穴中，造成严重缺苗。

防治方法 ①除草灭虫。②诱杀成虫。利用成虫的趋光性可用黑光灯进行诱捕，也可利用趋化性采用糖醋液加少量敌百虫进行诱杀，糖醋液配方为：糖、醋、酒、水比为3∶3∶1∶9。③药剂防治的重点是越冬代6月上旬盛发和第1代成虫6月下旬至7月初盛发产卵时用药。每公顷用50%辛硫磷乳油1 000～1 500毫升、阿维苏云可湿性粉剂300克对水900～1 125千克，2.5%溴氰菊酯（敌杀死）、10%氯氰菊酯或2.5%三氟氯氰菊酯（功夫）乳油500～600毫升，5%锐劲特悬浮剂450～600毫升对水1 000～1 500千克，在2、3龄幼虫盛发期喷雾。5%抑太保（定虫隆）乳油600～800毫升对水1 000～1 500千克在幼虫初孵期喷雾。喷雾要均匀、周到，以保证防治效果。④小地老虎还可在3龄以后进行毒饵诱杀，用90%敌百虫0.5千克对水2.5～5千克溶化，喷拌炒香麦麸、米糠或铡碎的鲜草50千克制成毒饵，傍晚施于幼苗旁。也可用80%敌敌畏、50%辛硫酸、50%二嗪农、2.5%溴氰菊酯等，对水2 000倍液浇灌。

18. 螟蛾

常见的有樟叶瘤丛螟（樟巢螟）主要缀叶为害樟树、山苍子、山胡椒等，幼虫吐丝缀叶结巢，在巢内食叶与嫩梢，严重时将樟叶食尽，树冠上挂有多数鸟巢状虫苞；黄杨绢野螟，食叶为害小叶黄杨、雀舌黄杨、黄杨、冬青卫茅等；棉大卷叶螟卷叶寄主有黄蜀葵、木芙蓉、扶桑、海棠、锦葵、栀子花等。幼虫食叶，重则吃光叶片，影响开花。

发生规律 樟巢螟1年发生2代，以老熟幼虫在浅土层中结茧越冬，5月中、下旬成虫羽化，第1代幼虫为害期为6月上旬至7月中旬。黄杨绢野螟一年发生6代，以2龄幼虫在缀叶中越冬，无明显越冬现象，冬季仍可少量取食，

棉大卷叶螟

黄杨绢野螟

次年3月开始大量取食，4月上旬至中旬化蛹，蛹期12~17天。4月下旬至5月上旬羽化为成虫，有趋光性，要经取食花蜜进行补充营养后才交尾产卵，雌成虫将卵产于叶背，以后每月1代相继发生。棉大卷叶螟1年发生4~5代，以老熟幼虫在寄主枯叶中越冬，翌年4月中、下旬化蛹，蛹期10天，4月下旬至5月中旬成虫羽化。第1代成虫6月中、下旬羽化，第2代成虫7月中、下旬羽化，第3代8月下旬羽化，第4代9月下旬羽化。

防治方法 ①冬季人工捕杀越冬幼虫，清除虫源。②在幼虫活动期即6月下旬开始，人工摘巢，消灭巢内幼虫。③幼虫初孵期每公顷选用阿维苏云可湿性粉剂300克对水900~1 125千克，20%杀灭菊酯乳油2 500倍液喷雾或用生

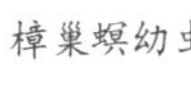

樟巢螟幼虫

樟巢螟巢

物农药BT可湿性粉剂800倍液，或用0.3%高渗阿维菌素乳油1 500～2 000倍液喷雾，50%杀螟松乳油1 000倍液，10%氯氰菊酯乳油3 000倍液，2.5%溴氰菊酯4 000倍液进行喷雾。

19. 卷蛾

虫害

常见有拟小黄卷蛾幼虫蛀食新梢、嫩叶、花蕾、花等均能使其受害，寄主有芸香科、蔷薇科等多种花木。幼虫常将4～5张叶缀在一起躲在其中取食。茶长卷蛾主要为害山茶、牡丹、蔷薇、桃、樱花、石榴及紫藤等。幼虫常吐丝将几片叶缠辍在一起或卷单片叶啃食为害。

发生规律 后黄卷蛾每年发生4代，以幼虫在枯枝落叶中过冬。各代成虫发生时间为：第1代5月下旬，第2代7月上旬，第3代8月上旬，第4代9月中旬，卵块常产在叶面。一旦花木树上的嫩梢萎蔫，不久就会脱落，过2～3天，即将成熟的幼虫爬出吐丝，缀叶成苞，在里面化蛹。茶长卷蛾一年发生3～4代。以幼虫在卷叶或枯枝落叶中越冬，春暖后可继续为害。翌年4月底至5月上旬成虫出现，世代重叠。成虫晚间活动，卵产于叶表面，幼虫活泼，触之即跳跃或吐丝下垂。7～8月间幼虫数量较大，多啃食表面叶肉，叶片呈白色透明状或网状。

防治方法 ①刮除树皮。早春发芽前，彻底刮除病部树皮，集中处理，消灭越冬幼虫。②在新梢抽生期，当卵孵化50%左右时，每公顷选用阿维苏云可湿性粉剂300克加水900～1 125千克，抑太保粉剂1 000克对水800千克，重点喷虫苞。③25%灭幼脲3号2 000倍液，或20%康福多5 000倍液，或20%好年冬乳油2 000倍液，或20%杀灭

茶长卷蛾幼虫

拟小黄卷叶蛾危害

茶长卷蛾

菊酯3 000倍液，或2.5%功夫乳油3 000倍液，喷雾1～2次即可防治幼虫。

20. 灯蛾

虫害

常见有人纹污灯蛾和八点灰灯蛾。幼虫为害花木叶、梢，食叶片成缺刻，顶芽易受害。

发生规律 人纹污灯蛾一年发生2～6代，以蛹越冬，北方第1代成虫5月羽化，第2代成虫7～8月羽化。八点灰灯蛾以幼虫越冬，第1代成虫于翌春2月羽化，3月上旬产卵，第2代于5月中旬羽化。每雌可产卵400粒左右，初孵幼虫群栖于叶背面，食害叶肉，3龄以后分散为害。

八点灰灯蛾

防治方法 ①摘除卵块和群集为害的有虫叶。②冬季耕翻土壤，消灭越冬蛹或在老熟幼虫转移时可在树干周围束草，诱集化蛹，然后解下诱草烧毁。③每公顷选用50%辛硫磷乳油1 000毫升对水1 000～1 500千克，或阿维苏云可湿性粉剂300克对水900～1 125千克进行喷雾。

灯蛾幼虫

人纹污灯蛾

21. 大蚕蛾

常见有水青蛾又名绿尾大蚕蛾和樗蚕。可为害杜英、含笑等多种花木。以幼虫蚕食叶片，严重时可将叶片食光。

发生规律 水青蛾1年发生2代，以茧中蛹在近土面的树干或灌木枝干上越冬，翌年4月下旬至5月上旬成虫开始羽化。樗蚕1年发生2代，以茧中蛹在落叶或灌木枝干上越冬，翌年4月下旬至5月上旬成虫开始羽化，7月至8月严重为害花木。

防治方法 ①人工捕捉。根据地面新鲜虫粪，寻找幼

香樟水青蛾幼虫

樗蚕幼虫

虫捕捉消灭。②化蛹期，采摘虫茧，消灭蛹。③在幼龄幼虫期，每公顷选用阿维苏云可湿性粉剂 300 克对水 900~1 125 千克，90%晶体敌百虫 800 倍液进行喷雾。

22. 细蛾

常见有柳细蛾。各地均有分布。主要为害柳树。

发生规律 北京每年发生3代，以成虫于10月后在树基部分杈处或枯叶下、土隙内越冬，翌年4月成虫开始活动，4月下旬幼虫孵化，潜叶为害。5～10月是为害期。初孵幼虫潜于叶下，取食叶肉，形成空泡状。老熟后在潜叶内化蛹。

防治方法 ①早春发芽前，彻底刮除病部树皮，清园，集中处理，消灭越冬成虫。②新梢抽生期，并当初孵幼虫开始为害时，每公顷可用阿维苏云可湿性粉剂300克对水900～1 125千克，10%吡虫啉乳油1 000克对水1 000千克防治，重点喷虫苞；或20%康福多5 000倍液，或20%好年冬乳油2 000倍液喷雾1～2次即可防治幼虫。

柳细蛾

23. 凤蛾

榆凤蛾幼虫食叶，可为害多种榆树及其他花木。

发生特点 在山东1年1代，以蛹在土中越冬，翌年6月成虫羽化，白天活动，形似凤蝶。雌成虫产卵于榆树叶面上，卵单产。初孵幼虫剥食叶肉，稍大取食全叶。喜取食枝条端部嫩叶，七八月份为害最烈，能将叶片吃光；9月以后幼虫先后老熟，入土做土茧化蛹越冬。

防治方法 幼树可人工震落扑杀幼虫；喷90%敌百虫晶体800倍液、阿维苏云可湿性粉剂300克对水900～1 125千克药杀幼虫。

榆凤蛾幼虫

24. 枯叶蛾

虫害

常见有黄褐天幕毛虫。为害松、枫香等多种花木。

发生特点　一年发生1代，以卵在枝条上越冬，翌春海棠树吐芽时孵化。孵化后幼虫在柞树芽上吐丝缠绕树芽取食，以后向树杈移动群集吐丝结网，夜间取食，白天栖息。随着幼虫的生长，虫群向树上移动、分窝，另造新网巢。幼虫近老熟时分散活动，白天常在树干下部或树杈处静伏，晚间爬向树冠取食。

防治方法　①卵期摘除卵块集中烧毁，亦可在幼虫分散前人工捕杀。②幼虫发生量较大时，每公顷选用阿维苏云可湿性粉剂300克对水900～1 125千克，喷洒苏云金杆菌，用每毫升含0.5亿～1亿孢子的菌剂防治3～4龄幼虫，5天后死亡率达90%左右。③用25%灭幼脲Ⅲ号粉剂或16%灭幼脲Ⅲ号增效粉剂，对滑石粉50～75倍喷施。此外，溴氰菊酯、50%辛硫磷乳油1 000～1 500倍液等均有效。

黄褐天幕毛虫

25.潜叶蛾

常见有旋纹潜叶蛾。为害多种花木、以幼虫蛀入叶内取食叶肉，潜入隧道呈螺旋状。外观为近圆形或不规则旋纹状褐斑。发生严重时可造成早期落叶。

发生规律 1年发生1代，以蛹在枝干树皮缝等处结茧越冬，翌年4月底至5月初，越冬代成虫羽化，多产卵于叶背。5月中、下旬为第1代幼虫初发期，6月上旬为害盛期，幼虫老熟咬破表皮，爬出化蛹。6月底至7月初为第1代成虫盛发期，7月上、中旬为第2代幼虫发生期，第2代成虫盛期在7月底至8月初。第3、4代发生不整齐，9月下旬起结茧化蛹越冬。

防治方法 ①冬、春刮刷树干皮缝，及时清除落叶，消灭越冬蛹。②轻度发生时，人工随时摘除虫叶，减少虫源。③各代成虫盛发期，喷药防治，药剂可用40%水胺硫磷乳油1 000倍液、2.5%功夫乳油2 000倍液。

旋纹潜叶蛾

26.木蠹蛾

常见有咖啡木蠹蛾。为害花桃、枫杨、刺槐、榆等多种林木，幼虫蛀食致使树木茎干中空枯死。

发生规律 一年发生1～2代，以幼虫在枝干内越冬，以老熟幼虫越冬的次年发生2代。成虫多在夜间活动，卵产于枝梢上，每处1粒，孵化后蛀入梢内为害，向下蛀成虫道，直达枝干基部，枝干外常有3～5个排泄孔，零乱排列不齐，排泄孔外多粒状虫粪。幼虫老熟后，先在枝上咬一羽化孔，并吐丝封孔，然后在虫道内做茧化蛹，蛹经20天，蛹体蠕动半露于孔外，羽化后飞出交尾产卵。

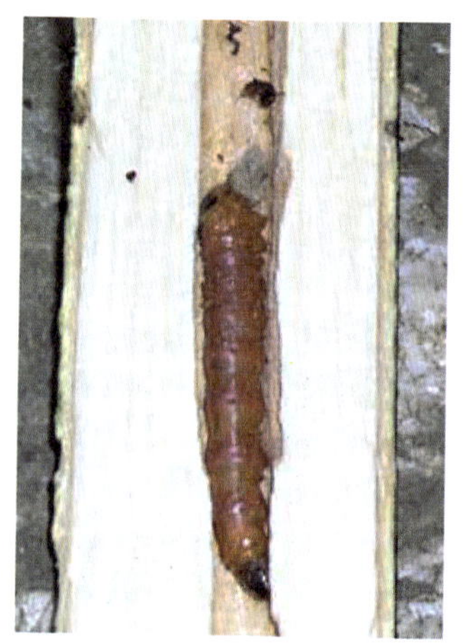

咖啡木蠹蛾幼虫

防治方法 检查枯萎细枝，自最下一个排泄孔下方剪除枝干，冬、春季从近地面处剪去枯枝，成虫盛发期可在虫口密度较大的林园里晚间用灯火诱蛾。

27. 蝙蝠蛾

常见的有疖蝙蛾。幼虫从树干表面蛀一横沟，向树干基部髓部蛀食，再向下蛀成坑道并形成黄褐色粪屑包，造成主干易折、全株枯萎。为害白玉兰、广玉兰、含笑、合欢、木莲、鹅掌秋等苗木。

发生特点 2年1代。以卵在土表落叶层及幼虫在树干髓部越冬。在浙江越冬卵于4月中旬孵化，4月中旬至6月下旬幼虫以碎叶、腐殖质为食，6月中旬部分幼虫开始钻蛀寄主树干。第二年8月中旬，幼虫老熟，化蛹，

疖蝙蛾木屑包

9月中旬成虫羽化出孔，交尾产卵。成虫不活泼，白天悬挂树下、杂草、枝叶上，黄昏后活动交尾，交尾后雌虫即产卵。大量卵在飞行时产下，散落地面、地被植物上。每雌产卵1 600～6 900粒，雌虫寿命9～10天，雄虫寿命10～12天。幼虫在林下落叶层、腐殖质多的土中孵出，吐丝缀叶，在其中或蛀入断枝内生活。幼虫爬行迅速。3龄前后，沿树干做螺旋形上爬，找到适当场所，即吐丝结椭圆形丝网，虫体在网下，先从树干表面蛀1横沟，再向树干基髓心后转向下蛀食成坑，并把剩余碎屑粪便排向丝网，形成黄褐色粪屑包。幼虫老熟时，粪包已环绕树干，坑道圆柱形，长10.4～28.2厘米，直径0.7～1.2厘米。白天幼虫不食，黄昏后爬到孔口啃食边材，成一圆勺状凹陷。受害株基部丛生不定芽，蛀孔上方主干易断裂，日久整株枯萎。幼虫老熟居坑底，头向上化蛹，蛹期18～21天。疖蝙蛾初、中龄幼虫，喜在湿润、腐殖质丰富、杂草丛生、阴暗墙角树丛中生活。

防治方法 ①苗木出土前要做产地检疫，人工清除带木屑包的苗木，调入苗木要做好复检。②发现蛀孔向洞内塞入56%磷化铝片剂0.1克，或用40%杀螟松、20%好年冬乳油、80%敌敌畏乳油按1∶2对水，每孔注入0.5毫升药液。③在幼虫蛀入树干基部刚出现木屑包时，50%磷胺乳油加水20～30倍液涂一环状药带，或滴、注蛀孔。

疖蝙蛾幼虫

疖蝙蛾木屑包

28. 蔗扁蛾

蔗扁蛾是鳞翅目蛀干害虫。为害巴西铁、发财树、一品红、铁树、袖珍椰子、海南铁、龙血树、棕竹、喜竹芋、凤梨、百合、鹤望兰、鹅掌柴等50多种花木。

发生规律　1年发生约5 代，以幼虫在大温棚、温室盆栽花卉的盆土中越冬。翌年温度、湿度适宜时幼虫爬在花卉上为害，比较快地在皮层内上下、左右蛀食，有时也蛀入木质部表皮，少数幼虫从伤口蛀入髓部，食成空心。幼虫约有7龄，幼虫期1个多月，老熟幼虫夏季多在木桩上部、秋季多在土中结茧化蛹，蛹期约15天。成虫有补充营养习性，卵散产或集中成块状，卵期约4天。初孵幼虫吐丝下垂，即钻蛀木桩皮层为害。

防治方法　①加强检疫。必须认识此虫的危害性，加强花木交流和调运的检疫管理，严禁把带虫的巴西铁木桩扩大蔓延，发现虫害木桩应及时烧毁。②消灭虫源。必须加强大温棚、温室盆栽巴西铁换土工作，发现盆土中的越冬幼虫、蛹，应及时喷药消灭，以防止繁殖与发育。③掌握各代卵的孵化期喷药1～2次，可用20%噻硫磷乳油1 500倍液，或50%杀螟松乳油1 000倍液喷洒茎秆。夏季发现虫害应及时喷药防治，尤其是秋、冬季至开春前用20%噻

蔗扁蛾

硫磷乳油1 500倍液，50%辛硫磷乳油1 000倍液，50%杀螟松乳油1 000倍液，80%敌敌畏乳油1 000倍液，80%敌白虫8 000倍液，10%吡虫啉乳油1 000倍液，每7天喷1次，连续喷洒茎秆2～3次。或用75%辛硫磷乳油1 500倍液，40%甲基异柳磷乳剂1 000倍液灌入盆中，也可用50%西维因粉剂1∶200倍混土，撒在花盆表土内，每隔15天施1次，连续2～3次，可杀死越冬幼虫。

29. 灰蝶

小灰蝶可为害多种花卉。苏铁小灰蝶又名曲纹紫灰蝶以幼虫危害苏铁植物。

发生特点 从5月下旬后开始发生，一直延续到11月上旬。为害高峰期在7月下旬至9月下旬。幼虫孵化后常群集为害，钻蛀花球或在幼嫩羽叶上取食，在2～3天内能将嫩羽叶吃得残缺不全，甚至全部吃光，仅剩下破絮状的残渣和干枯叶柄与叶轴，湿度大时产生琥珀色流胶，若球花受害轻则部分花粉受损，整个球花被蛀食得千疮百孔，严重的则造成柱心中空，使球花委靡干枯倒垂或死亡，受害株不抽生新叶、嫩叶，要待下一个生长季节才重新抽生羽叶，严重影响苏铁的生长繁殖，失去观赏、商品价值。

防治方法 ①冬季清园。冬季清除花卉苗场内枯枝烂叶，特别是小灰蝶为害过的植株要清理干净，减少越冬虫源。②有条件的花卉苗场可在新羽叶刚露出时用纱网罩住，防止成虫产卵，或利用成虫在苏铁上盘旋停息的生活习性，用捕虫网进行人工捕杀。③重点检查新抽生羽叶是否有成虫产卵或孵化幼虫，掌握在低龄幼虫盛孵高峰期及时选用农药防治，药剂有25%甲氰、辛乳油（灭扫利＋辛硫磷）1 500～2 000倍液，25%蜱 · 氯乳油（百虫比）1 000倍液，1.8%阿维菌素3 000倍液＋2.5%功夫

小灰蝶

2 500倍液，5%锐劲特悬浮剂1 000～1 500倍液，40%辛硫磷乳油1 000～1 500倍液，48%乐斯本1 000倍液任选一种喷雾防治。

30. 蛱蝶

幼虫食叶为害。常见的有青豹蛱蝶和双线蛱蝶。

发生规律 1年发生4～5代，5～7月发生较多。成虫飞翔力强，喜在晴朗天气做远距离飞舞，常在溪水边及花丛上吸食。

防治方法 ①人工捕捉幼虫及摘除卵、蛹。②每公顷选用阿维苏云可湿性粉剂300克加水900～1 125千克，或90%晶体敌百虫800～1 000倍液毒杀幼虫。或喷100亿/克青虫菌1 000～2 000倍液。

青豹蛱蝶

31. 凤蝶

虫害

幼虫食叶为害。常见的有樟青凤蝶、玉带凤蝶等。

发生规律 1年发生3～4代，以蛹悬挂在寄主中、下部枝叶上越冬，4月下旬至5月下旬陆续羽化。越冬代及第1～3代幼虫期分别在5月中旬至6月中旬、7月上旬至8月中旬、8月下旬至9月下旬、10月上旬至11月下旬。

防治方法 ①结合冬季管理，摘除越冬虫蛹。②成虫产卵期，巡查苗圃樟苗，及时摘除产于叶尖的卵粒。③幼虫发生初期，每公顷喷射阿维苏云可湿性粉剂300克加水900～1 125千克，每克300亿孢子青虫菌粉剂1 000～2 000倍液或40%敌·马乳油1 500倍液，40%菊·杀乳油1 000～1 500倍液，90%敌百虫晶体800～1 000倍液，10%溴·马乳油2 000倍液，80%敌敌畏或50%杀螟松或马拉硫磷乳油等1 000～1 500倍液，于幼虫龄期喷洒。

樟青凤蝶幼虫

凤蝶成虫

32. 叶甲

虫害

常见有榆琉璃叶甲。分布各地，主要为害各种榆树，成、幼虫取食叶片成缺刻或孔洞。

发生规律 每年1代，以成虫在土壤中、落叶和杂草丛中越冬。翌年4～5月榆树发芽时出来活动，为害芽、叶，并把卵产在叶上，成堆排列，6月中、下旬幼虫群集为害，啃食叶肉，老熟幼虫化蛹在

叶 甲

叶甲幼虫

叶上。

防治方法 为害严重的每公顷选用阿维苏云可湿性粉剂300克对水900～1 125千克，20%菊杀乳油2 000倍液或50%辛硫磷乳油1 000倍液，50%马拉硫磷乳油1 000～1 500倍液，20%虫死净可湿性粉剂2 000倍液，进行喷洒。

叶 甲

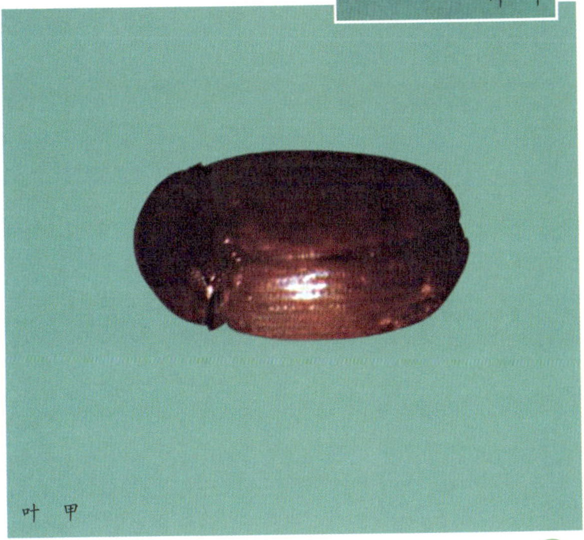

叶 甲

虫害

33. 金龟子

常见的有铜绿丽金龟、黑绒鳃金龟等。食性杂，能为害多种花木，发生普遍，以山地和新垦植的花木园发生较重。成虫为害嫩芽、嫩叶、嫩梢。幼虫蛴螬为害根部，可对幼苗造成为害。

发生规律 1年发生1代，以3龄老熟幼虫在土中越冬。3～9月均能为害，其中6月份成虫出土为害新叶。成虫有强烈的趋光性。黄昏后活动为害，以无风闷热的夜晚活动最盛。

防治方法 ①营林措施。秋末深翻土地，可将成虫、幼虫翻到地表，使其冻死、风干或被天敌捕食、机械杀伤等，消灭部分越冬的幼虫和成虫；施用充分腐熟的有机肥，用塑料薄膜覆盖、堆闷，高温杀死肥料中的害虫。②人工捕杀。在施肥前筛捡有机肥中的幼虫，在成虫盛发期，利用金龟子的假死性和趋光性，进行人工捕捉，震落捕杀，或用黑光灯诱杀。③药剂防治。毒土：用90%晶体敌百虫每公顷1 000～1 500克，或用50%辛硫磷乳油1 000毫升，对少量水稀释后拌细土200千克，在播种或定植时施用，均匀撒施在播种沟或定植穴内，上覆土后播种或定植，每公顷施毒土200千克。灌根：在幼虫发生严重，为害重的地块每公顷可用50%辛硫磷乳油，或用90%晶体敌百虫，或用50%西维因可湿性粉剂1 000毫升对水1 000千克灌根，

亮绿丽金龟

可杀死根际附近的幼虫。喷雾：在成虫盛发期，对害虫集中的树上，每公顷选用阿维苏云可湿性粉剂300克对水900～1 125千克，50%辛硫磷乳油或90%晶体敌百虫1 000～1 500毫升，对水1 200～2 000千克喷雾，或用20%氰戊菊酯乳油500毫升，对水1 200～1 500千克喷雾。

34. 吉丁虫

常见有金缘吉丁虫、六星吉丁虫等。幼虫在枝干皮层纵横串食、破坏输导组织，可造成大树树势衰弱、小树死亡。成虫为害寄主的叶片。

发生规律 发生代数1年1代。大多以老熟幼虫及少数中、小幼虫在被害枝干木质部的浅处或皮层下越冬。翌春越冬幼虫继续为害。成虫发生期一般在5月上旬至6月下旬。成虫具有假死性。日间极为活泼。卵多产在寄主植物的皮缝内，散产。

防治方法 ①消灭虫源。被害的死树和枯枝中，潜存着大量幼虫和蛹，应在冬、春季结合清园在成虫出洞前清除烧毁。②阻隔成虫。于春季成虫出洞前，将去年受害严重的树，用稻草搓绳，从树干基部自下而上边搓边捆，紧密捆扎，并涂刷泥浆，使成虫被阻隔而不易出洞，同时又有助于树干伤口的愈合与防止成虫产卵作用。③毒杀成虫。掌握成虫羽化盛期，在其即将出洞时，刮除树干被害部分的翘皮，再涂50%杀螟松乳油5倍液，或80%敌敌畏乳油3倍液，或用80%敌敌畏乳油加10～20倍黏土对水调成糊状进行树干涂封，使羽化后的成虫在咬穿树皮后中毒死亡。也可在成虫出洞高峰期，选用90%敌百虫晶体或50%马拉硫磷乳油600毫升/公顷，50%杀螟松乳油900～1 000毫升/公顷等，进行树冠喷药，消灭成虫。④杀灭幼虫。在

杜英六星吉丁

吉丁虫幼虫

6~7月幼虫盛孵期，根据被害部流出胶质的标志，用小刀刮去流胶被害处一层薄树皮，再涂刷80%敌敌畏乳油3倍液，触杀皮层内的幼虫。

35. 天牛

天牛属鞘翅目天牛科。有几种不同的为害类型。星天牛幼虫钻蛀树干基部，可做成整株树枯死或折倒；褐天牛钻蛀大枝，易造成风折。桃红颈天牛在木质部与韧皮部之间蜿蜒钻蛀，切断树木地上部与地下部之间的水分和养分输导，造成树木枯死；日本筒天牛钻蛀一年生枝条，造成枯梢。

发生规律 1年发生1代，少数地区2年发生1代或2～3年1代。11～12月以幼虫在树干近基部木质部隧道内越冬，翌年4月中、下旬化蛹。蛹期短者18～20天，长的约30天。5月上旬至6月上旬（最迟7月下旬）成虫陆续羽化、交尾和产卵。雌成虫寿命40～50天，雄虫较短。

防治方法 ①营林措施。主要采用加强栽培管理、捕杀成虫、刮除虫卵和初期幼虫、钩杀蛀道内的幼虫和蛹等一套完整的技术措施。栽培管理上促使植株生长旺盛，保持树体光滑，以减少天牛成虫产卵的机会。枝干孔洞用黏土堵塞，及早砍伐处理虫口密度大、已失去生产价值的衰老树，以减少虫源，剪下的虫枝和伐倒的虫害木应在4月份前处理完毕。树干涂白以避免天牛产卵，涂白剂配方为生石灰10份、硫磺 1份、食盐0.2份、兽油0.2份、水40份。②捕杀成虫。尽量消灭成虫于产卵之前。在天牛成虫盛发期，发动群众开展捕杀。星天牛可在6～7月间晴天中

午经常检查树干基部近根处，进行捕杀。③刮除虫卵和初期幼虫。在6～8月间经常检查树干及大枝，根据星天牛产卵痕的特点，发现星天牛的卵可用刀刮除，在刮除卵和幼虫的伤口处，可涂浓厚石硫合剂。④钩杀幼虫。幼虫蛀入木质部后可用钢丝钩杀。⑤生物防治。天牛类害虫在自然界有不少天敌。我国已知有桑天牛澳洲跳小蜂、云斑天牛卵跳小蜂、短跗皂莫跳小蜂、天牛卵姬小蜂寄生天牛卵，管氏肿腿蜂寄生天牛幼虫，蠼螋能捕食天牛幼虫，蚂蚁类能

侵入天牛虫道搬食天牛幼虫或蛹（其中管氏肿腿蜂已在生产上大面积应用）。⑥化学防治。幼虫发生期施药塞洞，幼虫已蛀入木质部则可用小棉球浸80%敌敌畏乳油按1∶10对水塞入虫孔，或用磷化铝毒签塞入虫孔，再用黏泥封口。如遇虫龄较大的天牛时，要注意封闭所有排泄孔及相通的老虫孔。隔5～7天查一次，如有新鲜粪便排出再治一次。用兽医用注射器打针法向虫孔注入80%敌敌畏乳油1毫升，再用湿泥封塞虫孔，效果较好，杀虫率可达100%，此法对树木无损伤。幼虫蛀入木质部较深时，可用棉花蘸农药或用毒签送入洞内毒杀，或向洞内塞入56%磷化铝片剂0.1克，或用80%敌敌畏乳油2倍液0.5毫升注孔。施药前要掏光虫粪，施药后用石灰、黄泥封闭全部虫孔。成虫发生期用2.5%溴氰菊酯乳油1 000毫升对水2 000千克，50%杀螟松乳油1 000毫升对水1 000千克，80%敌敌畏乳油1 000毫升对水1 000千克，喷药于主干基部表面致湿润，5～7天再治一次。

星天牛成虫

星天牛幼虫

36. 潜叶蝇

虫害

常见的有美洲斑潜蝇和菊潜叶蝇。槿葵科及菊科等多种花卉，其中尤以菊科花卉受害最重，雌成虫产卵器刺伤植物叶片，进行取食和产卵，幼虫潜入叶片和叶柄为害，产生不规则蛇形白色虫道，叶绿素被破坏，影响花卉的观赏价值。

发生规律 在南方1年可发生10代。在北方以蛹越冬，4～5月发生多，为害严重；夏季发生少，秋季虫口回升，数量不多。成虫羽化后1～2天交尾产卵，产卵时，成虫刺1孔产1粒卵。一雌虫1天可产卵9～20粒，一生可产45～98粒，卵多产于叶背近边缘处。幼虫孵化后即可取食，幼虫期共3龄，在气温20℃下，完成1代需14天。

防治方法 ①在菊花凋谢后，将植株上部剪除烧毁，以消灭残余虫口。②采用灭蝇纸诱杀成虫，在成虫始盛期至盛末期，放1张诱蝇纸诱杀成虫，3～4天更换一次。③黄板诱杀，从苗期和定植期开始使用，每667米^{2}用10～15块，每45～60天换一次；挂置高度，略高于作物植株10～20厘米，可有效控制微小害虫的发生量。④叶片上开始出现虫道时，喷50%杀螟松1 000～1 500倍液，每隔10天喷1次，连续2～3次。或当植物某张叶片有幼虫5头时，每公顷选用阿维苏云可湿性粉剂300克对水900～1 125千克，

潜叶蝇

1.8%爱福丁乳油3 000～4 000倍液，48%乐斯本乳油800～1 000倍液，5%锐劲特悬浮剂，每667米^{2}用量50～100毫升，5%抑太保乳油2 000倍液，5%卡死克乳油2 000倍液，灭蝇胺喷雾。防治时间掌握在成虫羽化高峰后立即用药效果好。用药2～3次，每隔5～7天。注意轮换用药。

37. 叶蜂

常见有月季叶蜂为害月季、玫瑰、蔷薇、十姊妹等蔷薇科植物，榆叶蜂为害榆树，桂花叶蜂为害桂花，以幼虫取食叶片，致花卉生长不良，失去观赏价值，甚至死亡。

发生规律 月季叶蜂每年发生8代，有世代重叠现象，以蛹在土中结茧越冬。每年3月幼虫开始为害，一直延至11月。每代幼虫老熟后落地结茧化蛹，羽化后再爬出地面。成虫白天羽化，次日交配。雌虫一生仅交尾1次，雄虫可交尾多次。成虫寿命5天。雌蜂交尾后即用镰刀状的产卵器锯开月季枝条皮层，将卵产于其中，通常产卵可深至木质部，每处产卵几粒至十几粒；每雌平均产卵47粒。卵期7～19天。近孵化时，产卵处的裂缝开裂，孵出的幼虫自裂缝爬出，并向嫩梢爬行。幼虫共6龄，喜群集，昼夜均取食，常将寄主叶片吃光，仅剩主脉，不但失去观赏价值，甚至使植株死亡。幼虫有互相残杀习性和假死性。成虫较笨拙，产卵时，即使遇惊扰也不飞，仍继续产卵。

防治方法 ①冬季在寄主植物周围松土，杀灭越冬虫蛹。②利用幼虫假死性，突然震动使其下跌，再加以杀灭。③幼虫为害期，可喷洒阿维苏云可湿性粉剂300克对水900～1 125千克或80%敌敌畏乳油1 000～1 500倍液，50%马拉硫磷、50%辛硫磷、50%杀螟松乳油1 500倍液，

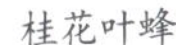
桂花叶蜂

蔷薇叶蜂

20%杀灭菊酯乳油2 000倍液，2.5%溴氰菊酯乳油3 000～4 000倍液。

38. 蚂蚁

蚂蚁主要有东方行军蚁、褐行军蚁。蚂蚁为害的植物近百科，其中包括多种花卉。咬食花植株根茎皮层，影响花苗的正常生长，重者则植株因缺水而萎蔫死亡。或蛀食大丽花的块根、咬食大丽花的花、叶。

发生规律 有机质多，土壤结构良好，适于蚂蚁打洞筑穴，虫口数发展快，来年春季为害就重。若使用有机肥料不经发酵，则必散发出一种腥、香、甜味引诱蚂蚁前来为害，如人畜粪尿、圈肥和油枯等，而使用无机肥料（如尿素、普钙以及钙镁磷肥等）和经过发酵的有机肥料等，则蚂蚁活动就少，为害就轻。

防治方法 ①土壤整地时，可在种植花木的土窝中，施用市面上有售的辛硫磷（1 000倍）、马拉硫磷（1 000倍液）、敌百虫（1 000倍）以及杀虫双等，与土壤充分混合，再栽种大丽花的块根，这样可以直接杀死和驱逐黄蚂蚁。②栽种花木时所使用的有机肥料，必须发酵、腐熟，或者用农药搅拌粪肥后使用（50%辛硫磷、25%杀虫双100克对肥料50千克，搅匀后即可使用）。③毒饵诱杀。将麦麸或米糠若干先放入锅内炒香，然后用50%辛硫磷（500倍液）喷洒，用塑料膜覆盖好，闷1小时，再用500克蜂糖或水果糖化水，喷洒，然后将毒饵撒在花木植株周围，就可诱集蚂蚁前来舔食而死。④浇灌毒杀法。选用50%辛硫磷

蚂 蚁

乳剂1 000倍液，90%的敌百虫1 500倍液，20%杀虫双1 000倍液，30%乙酰甲胺磷1 000倍液，50%马拉松乳剂1 000倍液，在花木植株周围找到蚁洞浇灌下去，即可杀死或驱逐蚂蚁，减少为害。

39. 叶螨

常见有朱砂叶螨。分布各地，食性杂。受害叶开始表现为白色小斑点，后褪绿变为黄白色，叶片变红、干枯、脱落，甚至整株枯死。

发生规律 每年发生10～15代（由北向南逐增），越冬虫态及场所随地区而不同，翌春气温达10℃以上，即开始大量繁殖。3～4月先在杂草或其他寄主上取食，植物发芽后陆续向植物上迁移，每雌产卵50～110粒，多产于叶背。卵期2～13天。幼螨和若螨发育历期5～11天，成螨寿命19～29天。可孤雌生殖，其后代多为雄性。幼螨和前期若螨不甚活动。后期若螨则活泼贪食，有向上爬的习性。先为害下部叶片，而后向上蔓延。繁殖数量过多时，常在叶端群集成团，滚落地面，被风刮走，向四周爬行扩散。温度达30℃以上和相对湿度超过70%时，不利其繁殖，暴雨有抑制作用。天敌有30多种。

防治方法 ①铲除田边杂草，清除残株败叶，可消灭部分虫源和早春寄主。天气干旱时，注意灌溉，增加田间湿度，不利其繁殖。②每公顷选用阿维苏云可湿性粉剂300克对水900～1 125千克，1.8%阿维菌素（灭虫灵、虫螨光等）2 000～3 000倍液，73%克螨特和5%霸螨灵胶悬剂1 000～2 000倍液，5%卡死克1 000～1 500倍液等喷雾防治。

红蜘蛛

香樟红蜘蛛

40. 蛞蝓

常见有野蛞蝓、双线嗜黏液蛞蝓等，是杂食性软体动物。为害唐菖蒲、月季、鸢尾、菊花、一串红、水芋等多种花卉。成、幼体食害嫩叶，被害叶片呈孔洞、缺刻。受害茎、叶和花常留下1条银白色发亮的痕迹，发生严重者可造成缺苗断垄。

发生规律　一年2代，成体或幼体均能越冬，越冬场所多在林下植物的根部、草堆、石块或松土下面。越冬时，分泌黏液包住身体。为害和产卵繁殖主要在4～6月和10～11月两阶段，以5～6月为最盛。昼夜活动有一定规律，从傍晚6时开始出土觅食、交配产卵，晚上7～9时为第一个活动高峰，午夜后下降，凌晨4～5时又出现第二个活动高峰，6时后纷纷钻进土表潜伏。具有趋香、甜、腥等习性，阴凉潮湿环境发生量大，春、秋季食量较大。

防治方法　①营林措施。清洁田园，铲除田边地头、沟边等处杂草，并及时沤肥；雨后中耕、松土、锄草，排干积水，减少苗圃周围的土隙石缝，破坏蜗牛栖息地和产卵场所；秋季深翻土壤，造成部分越冬成、幼虫机械伤亡，并暴露地表被天敌啄食或冻死，卵被日晒暴裂。②堆草诱集捕杀。用杂草、树叶、笋壳或菜叶堆放田间，诱集蜗牛到诱集堆下，每天傍晚蛞蝓和蜗牛活动高峰人工捕杀。③石灰带封锁。在沟边、渠边、地头苗床周围和蔬菜

蛞　蝓

垄间撒石灰封锁带，每公顷用生石灰90千克，保苗效果良好。④药剂防治。用多聚乙醛（蜗牛敌）配成含有效成分为2.5%～6%的豆饼或玉米粉等毒饵，或用2%灭旱螺饵剂每公顷7.5千克，于傍晚在田间顺垄撒施；用8%灭蜗灵颗粒剂或6%密达、梅塔（四聚乙醛）颗粒剂，每公顷用药8千克，为害初期在苗床上撒施地表诱杀。

41. 蜗牛

常见有灰蜗牛。

发生规律 灰蜗牛1年发生1～1.5代，成体或幼体均能越冬。越冬场所多在林下植物的根部、草堆、石块或松土下面。越冬时，灰蜗牛常分泌一层白膜封住壳口。为害和产卵繁殖主要在4～6月和10～11月两阶段，以5～6月为最盛。昼夜活动有一定规律，从傍晚6时开始出土觅食交配产卵，晚上7～9时为第一个活动高峰，午夜后下降，凌晨4～5时又出现第二个活动高峰，6时后纷纷钻进土表潜伏。具有趋香、甜、腥等习性，阴凉潮湿环境发生量大。春、秋季食量较大，喜食花木苗、菜苗、豆苗嫩芽、嫩茎和嫩叶等。

防治方法 ①营林措施。清洁田园，铲除田边地头、沟边等处杂草，并及时沤肥；雨后中耕、松土、锄草，排干积水，减少苗圃周围的土隙石缝，破坏蜗牛栖息地和产卵场所；秋季深翻土壤，造成部分越冬成、幼虫机械伤亡，并暴露地表被天敌啄食或冻死，卵被日晒暴裂。②堆草诱集捕杀。用杂草、树叶、笋壳或菜叶堆放田间，诱集蜗牛到诱集堆下，每天傍晚蛞蝓和蜗牛活动高峰人工捕杀。③石灰带封锁。在沟边、渠边、地头苗床周围和蔬菜垄间撒石灰封锁带，每公顷用生石灰90千克，保苗效果良好。④药剂防治。用多聚乙醛（蜗牛敌）配成含有效成分

同型巴蜗牛

为2.5%～6%的豆饼或玉米粉等毒饵，或用2%灭旱螺饵剂每公顷7.5千克，于傍晚在田间顺垄撒施；用8%灭蜗灵颗粒剂或6%密达、梅塔（四聚乙醛）颗粒剂，每公顷用药8千克，为害初期在苗床上撒施地表诱杀。

42. 鼠妇

鼠　妇

俗称“西瓜虫”，属于节肢动物门、甲尧纲、潮虫科，性喜潮湿。在温室内为害的植物有海棠、紫罗兰、仙客来、铁线蕨、扶桑、茶花、含笑和苏铁等观赏植物。更喜欢为害多肉类植物，在盆内齐土面咬断茎秆，在盆底内取食嫩根，有些植物茎秆被啃食成大小孔洞。由此造成茎部溃烂，影响生长和观赏价值，盆内培育秧苗被咬断造成缺苗等，其性喜湿。

发生特点　不耐干旱，再生能力强。具有假死性。鼠妇的幼体和成体有白天潜伏、夜间活动为害的习性。多见于盆底下，在盆底排水洞内取食根部。

防治方法　①清除温室内的多余砖块和清除可隐藏的枯枝落叶、杂草等。保持室内清洁。②为害严重时用2%杀灭菊酯2 000倍液喷洒植物和盆底。

43. 马陆

又称山蛩虫，为害仙客来、瓜叶菊、洋兰、吊钟海棠和文竹等。

发生特点 性喜阴湿，在温室内一般生活在盆底下的盆内或盆底与土间的土表，也有在温室的盆架缝隙和砖块底下。白天隐藏，夜间活动为害花卉的幼根、小苗嫩茎、嫩叶等，具有假死性，产卵于盆底的土表黏聚呈块状，在适宜温度下经20天孵化为幼体，数月后成熟，1年繁殖1次。

防治方法与鼠妇的防治相同。

马 陆

44.花苗立枯病

又名猝倒病。世界性的花木苗圃重要病害，我国各地都有发生。为害一串红、仙客来、凤仙花、万寿菊等多种实生花卉的幼苗，造成苗断垄或毁种，严重妨碍花卉的生产发展。

症状 多发生于4～6月，是寄生性病原引起的，因发生时期不同，表现各有不同。如：种芽出土前发霉腐烂的种腐型，幼苗出土期茎叶腐烂的首腐型，幼苗木质化前水渍状变褐溃烂倒伏的猝倒型，苗茎木质化后根部腐烂全株枯死不倒伏的立枯型。

发病规律 病原主要为真菌中的镰刀菌、丝核菌，管毛生物腐霉菌，线虫等。真菌和管毛生物病原以菌丝体或菌核在病株残体内越冬，营腐生生活，存活1～3年，菌丝体可直接侵入寄主，菌核主要是渡过不良环境，待温、湿度适宜后生出新的菌丝体。水流、农具、人畜践踏等都可传播。该病的发生和蔓延主要受如下因素制约，一是前茬是蔬菜、马铃薯、棉花等，病原积累多，易发病。二是如种子质量差，苗弱，播种过深、过迟幼苗质量差，在土壤高温到来之前组织幼嫩等都易感病。三是苗木过密，通风不良。四是地势低洼、土壤黏重、出土前阴湿多雨等都有

花苗立枯

利于病害的发生和流行。

防治方法 ①播种时进行土壤消毒，每1 000米²用20%稻脚青可湿性粉剂1 875克，拌细土375～525千克。在北方稍有碱性的土壤中，浇灌2%～3%硫酸亚铁水溶液，用量为4 500毫升/米²，7天后播种。②适宜的播种深度，要根据籽粒大小、灌溉条件来决定合理的播种深度，一般籽粒小、灌溉喷淋条件好的可适当浅播。籽粒大、灌溉条件差的，要适当深播。总的原则是保证出土、苗全、苗壮的前提下尽量浅播。③出苗后发病，可选喷77%可杀得可湿性粉剂、75%敌克松可湿性粉剂500～800倍液，50%退菌特可湿性粉剂800～1 000倍液等。还可选用1%硫酸亚铁液、0.5%高锰酸钾液喷苗，但注意喷药10～30分钟后应喷清水1次洗苗，以防药害。

花苗立枯首腐

花苗立枯种腐

花苗猝倒

45.万寿菊灰霉病

不论苗圃苗还是盆栽植株都有不同程度的发生，为害叶片、花序和花枝，造成被害部腐烂。严重时，花序发病率高达50%~82%，丧失其商品价值。该病可为害多种草本和木本花卉。

症状 叶片受害，发病初期，病部出现水渍状斑点，随后逐渐扩大，变成褐色至黑褐色并腐烂。花序受害后，最初花丛和花托出现灰褐色病斑，继而变褐、腐烂。病害可沿花柄向下蔓延而为害花枝，致使植株顶端的嫩梢变成黄褐色、枯死。茎部感病后病斑褐色，不规则形，并发生软腐。在潮湿条件下各病部均形成灰黄霉状物。

发病规律 病原为真菌，灰葡萄孢。病菌在病株残体和土壤内越冬、越夏，借风雨传播，尤以雨后天气转晴时传播迅速，园艺工具、灌溉水亦可转播。在温室和家庭养花时，气温20℃左右、空气湿度大的天气发病最严重。

防治方法 ①及时清除病残体。提高室内温度，降低湿度，注意通风透光。家庭盆栽植株一旦发现有病，应立即将病株移至通风透光良好的环境中，置于阳光下，并将病部连同1厘米左右的健部剪除，剪下的病部深埋。②室内要注意通风，不使昼夜温差过大、湿度过高；植株密度不要过大；要沿盆浇水，不要使水滴滞留叶、花表面。

万寿菊灰霉病

③发病严重时，可选用50%扑海因可湿性粉剂1 000 1 500倍液，50%速克灵可湿性粉剂2 000倍液，50%甲基硫灵可湿性粉剂500倍液，65%代森锌800倍液等。发病初期可喷洒25%络氨铜水剂，1∶1∶100波尔多液等。以上药剂每7～10天1次，连用2～3次。

46. 兰花圆斑病

兰花栽培区时有发生，为害建兰、春兰、寒兰等兰花的叶片，影响生长，降低观赏价值。

症状 在叶面初为红褐色小点，迅速扩展为圆形、半圆形（叶缘）褐色斑，后期病斑中间色淡，边缘颜色暗褐色；病斑反面生黄褐色疱状突起，即为病原菌的分生孢子盘；叶面病斑多时，病斑间的叶组织亦失绿，变黄枯死。

发病规律 病原菌为真菌柱盘孢，以菌丝体或分生孢子越冬；分生孢子耐低温，在0℃环境中20天，萌发率仍可达86%；土壤板结，放置过密，通风不良，从植被株顶端浇水等可加重病情。

防治方法 ①及时清除枯叶，剪掉病叶或叶片的有病部分。②注意通风透光，选用疏松肥沃的栽植材料，一般不要自上方喷淋浇水。③发病初期喷药保护，可选用77%可杀得可湿性粉剂、75%百菌清可湿性粉剂等。

兰花黑斑病

47. 水仙大褐斑病

各水仙栽培区均有不同程度发生，为害叶片降低光合作用，使鳞茎生长不良。严重时致其地上部分提前1～2个月死亡。

症状 侵染水仙的叶和花梗。在叶上，初次侵染的病斑多出现于叶片尖端，初为褐色小点，渐扩大，病健部分界限分明，并向下延伸，可达叶片的1/3或更长。再次侵染病斑多出现于叶和花梗上，初亦为褐色，后发展成为纺锤形、半圆形或不规整形褐色大斑，周围有晕圈，湿度大时中央产生黑褐色小点。单个病斑大小可达4.5厘米^2。病斑相互联合可成更大的斑。病斑在叶片边缘时，因病部停止生长，引起叶片扭曲，后期病部破裂。在花梗上病斑与叶片上相似，常引起花梗弯曲，生长畸形。

发病规律 病原为真菌，壳多隔孢子。以菌丝体或分生孢子在水仙鳞茎的颈部膜性鳞片内、幼苗叶内或在病残体内越冬。在鳞茎发芽时，遇到适宜的环境条件，以分生孢子自气孔以及伤口侵染新叶。病菌在水仙或文殊兰、孤挺花等其他寄主上越夏。病菌生长适温20～26℃。4～5月份阴雨、多雾，发病常重，干旱年份发病较轻。栽植密度大，盆栽置盆过密、排水不良时发病亦常重。水仙的种与品种间抗病性有差异，一般而言，喇叭水仙、臭水仙、青水仙比多花水仙抗病。

防治方法 ①加强栽培管理。水仙性喜温、湿、阳光充足，较耐寒，又略耐半阴；宜用肥沃、排水良好的黏壤土；选用灌水栽培时，应筑高畦，注意灌水，但不宜过多；增施磷、钾肥，以强壮植株，增强抗病力。庭院定植以及花盆置放都不宜过密，以利通风透光。②种植前去除剩余种球外部的膜质鳞片，并将种球在0.5%福尔马林液中浸泡3～5个小时，或用65%代森锌300倍液浸泡15分钟，50%多菌灵500倍液浸泡12小时。③田间发病初期喷药防治，可选用75%百菌清可湿性粉剂600倍液，65%代森锌可湿性粉剂500倍液，30%绿得保悬浮剂1 500倍液，50%克菌丹可湿性粉剂500倍液，50%代森锰锌可湿性粉剂500倍液等，发病期每隔7～10天喷1次，连喷3～4次。④冬季水养水仙发现病叶即剪除销毁。

水仙大褐斑病

48. 石竹枯萎病

症状 病菌主要从根颈或根部伤口侵入，感病部位变黄褐或褐色干腐，很快向上蔓延，茎干收缩。剖视木质部可见黄褐或紫褐色腐烂，病株地上部分叶片失去光泽，变软，靠近根茎处的叶片枯黄下垂，病情发展迅速，植株很快枯萎。病菌若从植株一边侵入，则先表现半边枯萎。环境潮湿时，在根茎腐烂处可见白色丝状物，即病原菌的子实体。

发病规律 此病发生于4～6月，病菌在植株病残体或土壤中营腐生生活。当气候条件适宜时，产生分生孢子。分生孢子借风雨、灌溉水传播，多从伤口侵入。春、夏间阴雨连绵，土温较高，植株内积水，环境郁闭，发病较重。

防治方法 ①从健株上采种，培育壮苗增强抗病力。②清洁园地，彻底清除残根、病叶。及时拔除重病株，轻病株用分枝法除去病枝。换盆、换土，也可在原盆花中淋灌0.5%高锰酸钾液进行喷洒。

石竹枯萎病

49. 花卉青枯病

症状 此病系细菌侵染植株根部、茎引起的维管束病害。幼苗期感病，通常地上部分叶片突然失水干枯下垂，根部变褐腐烂，最后整株枯死。用刀横切茎或根，可见白色或黄褐色细菌黏液。

发病规律 病菌可与病部组织残留土壤成为传染源。病菌主要从根部伤口侵入，随风雨、水滴传播。病菌喜高温，盛夏季节雨水或灌溉水流动，会很快大量发病。

防治方法 ①加强检疫。培养无病苗，选摘灭株扦插。避免产生伤口，防止病区水流向健株。发现病株拔除烧毁。②发病期喷0.2%高锰酸钾液，或喷100~200单位农用链霉素、土霉素，并适当增施钾肥。用10毫升/升的硼酸液进行根外追肥，提高植株抗病力。

花卉青枯病

50.月季黑斑病

黑斑病是世界性病害，为害月季、蔷薇、山刺玫、黄刺玫、榆叶梅，病菌为害叶片，引起大量落叶，致使植株生长不良。叶片受浸染后，叶面出现圆形紫黑色病斑，或不规则状斑，病斑边缘呈红褐色或紫褐色放射状。逐渐病斑连在一起，形成大斑，周围叶肉大面积变黄。病叶易于脱落，严重时整个植株下部叶片全部脱落，变为光杆状。

发病规律 黑斑病菌以菌丝体或分生孢子盘在病残体上越冬。借助雨水或喷灌水飞溅传播，昆虫也可传播。在温暖潮湿的环境中，特别是多雨的季节，寄主植物发病严重。特别是新移植的植株，根系受损、长势衰弱极易发病。一般浅色花、小朵花以及直立性品种易于感病。

防治方法 ①及时清除枯叶、残枝，集中烧毁，减少侵染源。②加强栽培管理，多施磷、钾肥，提高植株的抗病力。③及早喷施50%多菌灵可湿性粉剂50毫升对水50千克或50%代森铵50毫升对水50千克，或70%甲基托布津可湿性粉剂50毫升对水50千克或波尔多液(1:1:200)。

月季黑斑病

51. 八角金盘疮痂病

各地广泛分布，主要为害八角金盘的叶片、茎。以叶片发病对观赏影响较大，据调查，管理不善的苗地发病率可达30%～60%。

症状 为害成叶和老叶，幼叶发病较少。叶部病斑黄色至黄褐色、近圆形、半圆形或不规则形，病斑表面隆起，后期病斑扩大，卷叶或枯死，潮湿时，病斑正反面均可见粉红色小点。病梢变黑，表现梢枯。

发生规律 病菌在以菌丝体在病叶中越冬，翌年春季开始发病。病菌主要借助风雨传播，多从伤口侵染为害。病菌在长生季节可重复侵染多次，以5～9月份发生较重。高湿利于病害的发生。

防治方法 ①搞好产地病害防除，避免向非疫区四处传播。②发现病叶立即摘除异地焚毁，最大限度地降低病害的传播源。浇水时应避免喷灌，减少病菌的传播机会。③病害在风雨交加、久晴骤雨或雨后烈日、寄主伤口增加时，发病重，高温、干旱不利于发病，一年中以春、秋季发病较重。④药剂防治可以选用50%多菌灵1 000倍液，或1∶1∶100波尔多液，或75%百菌清500倍液，每8～15天喷1次。

八角金盘疮痂病

52. 海芋日灼病

各地都有发生，多种木本、草本花卉的叶、花、茎、果实都可受害，妨碍观赏。

症状 夏季植株遭受强烈阳光暴晒，叶面上出现水渍状斑后迅速失水而变为灰白色。

发病规律 植株在阴处生长时间越长组织越幼嫩，阳光下温度愈高，照射的时间愈长，发病越重。

防治方法 加强栽培管理。海芋性喜高温、高湿，发育适温20～28℃，冬季不低于13℃，栽培地要阴蔽，日照度50%～60%，忌强烈日照直射。用腐叶土栽培并经常保持培养土湿润，空气湿度要高。每2周喷洒1次活力素，及时剪除下部枯萎老叶。精心管理，及时摘除病叶。发病期喷多菌灵、托布津、百菌清等农药500～800倍液。

海芋日灼病

53. 美人蕉疫病

又名美人蕉疫腐病。美人蕉栽培区有不同程度发生，为害美人蕉等多种花卉。

症状 主要侵染美人蕉等花卉的叶片，常自叶缘侵入，在叶缘、叶尖形成不规则形的褐色斑。湿度大、温度高时病部呈湿腐状，低湿干燥时呈浅褐色干枯状。

发病规律 病原为管毛生物，疫霉。病菌的菌丝体或厚垣孢子、卵孢子随病组织在土壤中越冬。翌年温、湿度适宜时产生孢子囊，随灌溉水、雨水进行传播。温度较高、雨水大、植株过密、通风不良的环境发病往往严重。尤其是8月份连阴天，又闷热，通风不良，该病易发生和流行，发病迅速，5～7天叶片可大部烂光。

防治方法 ①搞好园艺管理。美人蕉性健壮，适应性强，具有一定耐寒力。喜暖热气候及阳光充足的环境。几乎不择土壤，而以湿润肥沃的深厚壤土为好。吸收有毒气体和抗性均较强。露地栽植应施足底肥，生长前期经常松土锄草，开花前结合浇水施稀薄液肥2～3次。开花后的花茎要及时剪去，以促抽新茎，开新花，秋霜后，剪去地上部分，挖出根茎，室内晾1～2天后贮藏，保持5℃左右，不要受热、受冻、浸水。在温暖地区可不挖出根茎，稍加保护即可露地越冬。采用分株法繁殖。②秋霜后及时清除园圃内的枯死茎叶和地面落叶，集中填埋或高温沤

美人蕉疫病

肥，减少翌年侵染来源。生长季节及时剪除近地面叶片，以保持空气流通，并防病菌侵染。③发病初期喷药防治，可选用50%灭菌丹可湿性粉剂700倍液、25%甲霜灵可湿性粉剂500倍液、90%乙膦铝可湿性粉剂600倍液等，连喷2～3次。

54. 花叶万年青软腐病

又名斑马软腐病、黛粉叶软腐病。各栽培区都有发生，为害大王黛粉叶、白玉黛粉叶、绿玉黛粉叶、雪纹黛粉叶等观叶植物的茎，致其腐烂。

症状 发病初期在绿色茎上产生边缘不甚清楚的水渍状斑，后迅速向上、下及横向扩大，其内部组织软化腐败，有恶臭。当病斑环茎一周后，病茎弯折，上部萎蔫、腐烂。

发病规律 病原为细菌，欧文氏杆菌。闷热、湿度大、不透风的环境易于发生。

防治方法 ①加强栽培管理，保持适宜的温、湿度，注意通风。②发现严重病株应连同周围10厘米内的土壤彻底清除，并撒生石灰对原土坑消毒。③经常检查，发病初期喷药防治，可选用77%可杀得可湿性粉剂、新植霉素、农用金霉素等，每10天喷1次，视病情连喷2~3次。

花叶万年青软腐病

55.十大功劳白粉病

北京、河北、河南、山东、浙江等地都有分布。

症状 为害十大功劳等的叶片、叶柄、茎。叶片为害初期在叶片上生不规则的白色小粉斑，与之相对应的叶背面失绿变为黄白色，后小粉斑逐渐扩大可至全叶，表面布满白色粉层，后期白粉层中生出许多黑褐色小粒点，即为病原菌的子囊壳。白粉层在叶片的正面、背面都可能发生，发病前期在正面多，后期叶背面亦逐渐增多。叶柄、茎受害，都生出长条状不规则白粉斑。

发病规律 病菌以子囊壳随病株残体越冬，翌年初夏散发出子囊孢子形成初侵染，在生长季节产生分生孢子进行多次再侵染，扩大病情，8月下旬开始陆续在白粉层中生出黄色小点，到9月中旬后小点渐变为淡褐、黑褐色。每年6月和9月病情发展较快，炎热的7～8月病情受到抑制。

防治方法 ①秋后落霜后，彻底清理枯残株，扫除地面落叶集中深埋或高温沤肥，减少翌年初侵染源。②发病初期喷药防治，可选喷15%粉锈宁可湿性粉剂1 000倍液、70%甲基硫菌灵可湿性粉剂800～1 000倍液等，每10～15天喷1次，连续喷2～3次。

十大功劳白粉病

56. 苹桧锈病

河北、山东、江苏、浙江、四川、湖南等地均有发生。侵染苹果、梨、海棠、桧、柏等，严重时叶片枯黄，花蕾枯萎或凋谢。

症状 侵染植株叶片和花、花茎。初期，叶、茎上生出疱状斑点，为病菌的夏孢子堆，被寄主表皮所覆盖，后表皮破裂，散出黄褐色粉状物，即为夏孢子。疱斑周围淡黄色。严重时整个叶片上布满疱斑，全叶变黄枯萎。后期在病部出现黑褐色长椭圆形或条状、短线状斑点，即病原菌的冬孢子堆。严重时全株叶片变黄枯死，花蕾枯萎脱落，花茎变为红褐色。

发病规律 病原菌以菌丝体、冬孢子堆在病株上越冬，翌年产生夏孢子借气流传播，5月上旬开始发病，6～7月为发病盛期。气温25℃，相对湿度为85%以上时，利于发病。地势低洼、排水不良、土壤黏重、贫瘠、偏施氮肥、通风不良常加重病情。温度低或太高，又干燥，不利于发病。不同品种抗病性有差异。

防治方法 ①强化园艺管理措施。栽植密度适当，保持良好的通风透光，开花后及时剪除老叶及干枯花茎，发现病叶及时剪除。合理施肥，不偏施氮肥，适当增施磷、钾肥。注意选栽较抗病品种。在苹果、梨、海棠栽植区及其附近不种病原菌的转主寄主桧、柏。②发病初期喷洒20%

苹桧锈病

粉锈宁可湿性粉剂2 000倍液、80%代森锌可湿性粉剂500倍液、20%萎锈灵乳油400倍液、97%敌锈钠300倍液等，10～15天喷1次，共喷2～3次。

57. 花卉根腐病

这类病害多属土传病害，常引起幼苗猝倒和立枯，以及成株期根部（茎基部）腐烂，严重时导致植株死亡。常见的有一串红、万寿菊猝倒病，菊类、三色槿、鸡冠花立枯病，石竹基腐病，鸢尾、唐菖蒲、郁金香颈腐病，兰花白娟病，菊类和唐菖蒲菌核病，牡丹、芍药、海棠等白纹羽病，杜鹃、山茶花和牡丹的根腐病。鸢尾、仙客来、百合、兰花、郁金香、仙人掌、银杏、杜仲、松、柏、香榧、水杉、柳杉、金钱松、柳、枫香、刺槐、乌桕、槭等。

症状 受害苗木根颈部变褐色，后期皮层皱缩，内皮层变为海绵状，苗木干枯而死。

防治方法 ①避免连作。②进行土壤处理。播种或定植前，土壤要充分翻晒，除去杂根和病残体并用多菌灵、福美双、敌克松或五氯硝基苯等药剂进行土壤消毒，具体方法是每平方米8～10克，加干细土240～300克混合均匀，然后撒于土表，耧耙入土；也可将药土进行穴施或沟施。③改善植株生长条件。施腐熟肥料，控制灌水，降低土壤湿度，减少田间和植株郁闭，增强植株抗病性。炎夏苗木遮阴，防止日灼发生。④药剂防治。效果较好的方法是在发病初期用50%多菌灵或50%甲基托布津400倍液灌根，每株灌药液约2.5千克。⑤生物防治。用木霉菌、芽孢杆菌等抗生菌处理繁殖材料或土壤。

花卉根腐病

柳树根腐病

柳树根腐病

58. 太阳花花腐病

太阳花栽培区都有不同程度发生为害太阳花等多种花卉。为北方国庆节花卉的常见病害。

症状　主要为害花朵、茎、叶也受害。花染病始于花瓣基部，花瓣变为褐色，逐渐凋萎，花瓣伸展缓慢，花成畸形。随病情发展，一朵花的部分花瓣或全部花瓣变为黑褐色枯死，花蕾腐烂，叶、茎受害，在叶片、叶柄、茎上形成褐色圆形至长椭圆形病斑，后期病斑上可出现黑褐色小粒点状子实体。

发病规律　病原菌为真菌。主要以分生孢子器或菌丝体在病株或病残组织内越冬，翌春产生分生孢子，借风雨传播，形成新的侵染。在花圃中，水滴洒溅是传染的主要形式。气温高、湿度大有利于病害的发生。

防治方法　①加强园艺管理。太阳花性喜温暖或高温，生长适宜温度为10～30℃，以播种繁殖为主，亦可用扦插繁殖。栽培土宜选富含腐殖质的壤土，排水良好，日照充足。施肥要注意增施磷、钾肥。种植或花盆置放密度要合理，不宜过密。花期浇水要自盆沿或地面浇入，不要采用上方喷淋浇水。②发现病花及时摘除，集中深埋。③开花后选喷70%甲基硫菌灵可湿性粉剂1 000倍液、25%杀毒矾可湿性粉剂400～500倍液、75%百菌清可湿性粉剂600倍液、12%绿胶铜胶悬剂600倍液等。每10～15天喷药1次，连喷2～3次。

太阳花花腐病

59. 橡皮树灰斑病

症状　病斑开始时为小灰斑，扩大后呈不规则状，边缘黑褐色，内灰白色，后期病斑干枯破裂，并出现黑色粒状物，即病原菌分生孢子器。

发病规律　病菌存活橡皮树病残叶上，多从伤口侵入，常年发病，以9～10月发病较重。高温干燥，有介壳虫为害时发病多。

防治方法　①摘除病叶，避免机械、人为伤口。②防治介壳虫，减少病菌入侵。发病初期喷50%多菌灵1 000倍液，或70%百菌清1 000倍液。

橡皮树灰斑病

60. 月季霜霉病

症状 在月季叶、新梢和花上均可发生。病叶上初期出现不规则的淡绿色斑纹，扩大后呈黄褐色和暗紫色，最后为灰褐色，边缘色较深，渐次扩大蔓延到健康组织，无明显界限。在潮湿天气下，病叶背面可见稀疏的灰白色霜霉层，有的病斑为紫红色，中心为灰白色。新梢和花感染时，病斑与病叶上的相似，但梢上病斑略显凹陷。严重时，叶萎缩脱落，新梢腐败枯死。

发病规律 病菌以卵孢子越冬、越夏，以分生孢子侵染。主要发生在温室内。在上海以4月上、中旬和10月中、下旬到11月中旬较严重。温室苗密集、通风不良、多湿、氮肥过多时发病重。

防治方法 ①在温室内不宜栽种过密，要加强通风透光，保持干燥，氮肥施用适量。②新叶展开后选喷50%代森锰锌500倍液，或1∶1∶100波尔多液，或75%百菌清可湿性粉剂800倍液，或20%瑞毒素4 000倍液。

月季霜霉病

病害

61. 牡丹红斑病

又名牡丹叶霉病、牡丹轮斑病。主要为害牡丹的叶片，还可为害绿色茎、叶柄、萼片、花瓣、果实甚至种子，是牡丹上发生最为普遍的病害之一。

症状 叶片被害，初期在新叶背面出现绿色针头状小点，后扩展成直径3～5毫米的紫褐色近圆形的小斑，边缘不明显，渐扩大为直径达8～14毫米的不规则形大斑，有淡褐色轮纹。大斑中央淡黄褐色，边缘紫褐色，有的相连成片。严重时整个焦枯。空气潮湿时，病部背面出现暗绿色霉层。叶缘发病时，叶片扭曲。绿色茎受害，茎上初生紫褐色长圆形小点，稍有突起，病斑扩展较慢，大小仅3～5毫米，中间开裂并下陷，严重时可相连成片。叶柄感病的症状同绿色茎的症状。萼片染病出现褐色突出小点，严重时边缘焦枯，绿色霉层比较稀疏。

发病规律 病原为真菌，芍药枝孢。病原菌以丝体在病组织上及地面枯枝落叶上越冬。翌春产生分生孢子进行初侵染，无再次侵染，或者只有1次再次侵染。病害严重与否，主要取决于初次侵染源的多少及环境条件。如牡丹栽植区通风透光不好，或有大树庇阴，光照不足，天气潮湿季节，发生常严重。一般下部叶片先受害，开花后病情逐渐加重。品种间抗病性有明显差异。

防治方法 ①加强栽培管理。牡丹喜光，宜凉畏热，喜

牡丹红斑病

燥恶湿，忌积水，积水则易烂根。宜栽植于疏松肥沃、通透性好的壤土或砂质壤土中，中性或微酸碱性土壤均可，忌黏重土壤的盐碱土；栽植地要地势高燥，排水良好，光照充足；合理栽植，不宜过密。②清除越冬菌源。入冬后，结合修枝整形，剪除病枯枝，彻底清除树上和地面枯枝、落叶，集中深埋或高温沤肥。③药剂防治。在早春植株萌动前，向植株和地面喷洒3～5波美度石硫合剂1次。展叶后于发病初期选喷50%多菌灵可湿性粉剂500倍液、70%甲基硫菌灵可湿性粉剂1 000倍液、60%防霉宝超微可湿性粉剂600倍液、50%敌菌灵可湿性粉剂500倍液等，每10～15天喷药1次，连喷2～3次。

62. 春芋叶枯病

症状 叶部受害。在叶片的中部产生白褐色至红褐色枯斑。病斑扩大，整个叶片腐烂，上面密生霉层。茎部受害，在近地面茎基部产生病斑，呈不规则形、水渍状暗褐色或稍凹陷。相互愈合包围茎部，引起皱缩僵化，以致基部折倒。

发病规律 在潮湿条件下，病部密生灰褐色霉状物，每年3～5月发病较重。病菌在病残体上越冬。

防治方法 ①定期剪除老叶、断枝、老花等病部，铲除重病株，烧毁。②用消毒小刀，割除病茎上腐烂部分及所有伤口、裂痕，均涂敷福美锌药剂。③株间距不宜过密，以利通风透光，降低湿度，避免浇水时叶上积水。④喷50%苯来特1 000倍液或65%代森锌500倍液。

春芋叶枯病

63. 大叶黄杨叶斑病

症状 为害大叶黄杨的嫩叶、老叶，叶正面出现黄褐色斑，扩大为近圆形或不规则形，直径4～14毫米，中央灰白色，有浅褐色同心轮纹，边缘深褐色稍隆起，病斑内密生细小黑色霉点。病斑透过背面，只是背面颜色比正面稍浅。病斑干枯后与健部裂开，直至形成穿孔，常引起早期落叶。

发病规律 病原在树上的和落地的病叶内越冬，春季产生分生孢子进行初侵染，以后在整个生长季节产生大量分生孢子进行多次再侵染。多雨、潮湿、春季遭受冻害或植株过密、通风不良时，往往发病严重，造成落叶。

防治方法 ①搞好绿化地卫生，冬、春季节清扫病落叶，集中烧毁。②发病初期喷1∶2∶200波尔多液或70%甲基硫菌灵可湿性粉剂1 000倍液或65%代森锌可湿性粉剂600倍液，以后视病情再喷1～3次。

大叶黄杨叶斑病

64. 芦荟褐斑病

又名芦荟黑斑病。各露地栽植或设施栽植区都有发生，主要为害芦荟叶片，亦可为害茎、花，影响产量，并降低观赏价值。

症状　为害叶片，初期病斑为水渍状、灰绿色，随着病情发展，病斑可扩大为圆形或不规则形，病斑中央凹陷，红褐色或灰褐色，病斑可透过叶片正反两面，但不穿孔，这是与炭疽病的不同之处，病斑质地亦较硬，正面病斑可产生成堆黑色小点，在潮湿条件下更为明显，即为病菌的分生孢子器。

发病规律　病原为真菌，芦荟壳二孢。在南方露地栽植区，全年均可发病，北方封闭阳台、室内栽培亦可周年发病，以6～9月份高温、高湿的条件下发病较严重而普遍。

防治方法　①选栽抗病性比较强的库拉索芦荟、中国芦荟、木立芦荟等品种。②科学施肥、浇水，注意氮、磷、钾肥均衡，防止积水。③苗期喷洒77%可杀得可湿性粉剂保护，每15～20天喷1次，1年内喷3～4次。④经常检查，发现病叶及时剪除利用或带出栽培区深埋，并喷洒75%百菌清等农药。

芦荟褐斑病

65. 花桃流胶病

症状 主要为害枝、干，也可侵害果实。新枝染病，以皮孔为中心树皮隆起。出现直径1～4毫米的疣，其上散生针头状小黑点，即病菌分生孢子器。在大枝及树干上，树皮表面龟裂、粗糙。后瘤皮开裂陆续溢出树脂，透明、柔软状，树脂与空气接触后，由黄白色变成褐色、红褐色至茶褐色硬胶块。病部易被腐生菌侵染，使皮层和木质部变褐腐朽，树势衰弱，叶片变黄，严重时全株枯死。果实发病，由果核内分泌黄色胶质溢出果面，病部硬化有时龟裂，严重影响桃果品质和产量。

发病规律 以菌丝体和分生孢子器在被害枝干部越冬，翌年3月下旬至4月中旬产生分生孢子，通过风、雨传播，从皮孔、伤口侵入。1年中有两个发病高峰，分别在5～6月间和8～9月间。当气温15℃左右时，病部即可渗出胶液，随气温上升，树体流胶点增多。一般直立生长的枝干基部以上部位受害严重，侧生枝干向地表的一面重于向上的部位，枝干分杈处受害亦重；土质瘠薄、肥水不足、负载量大，均可诱发该病。黄桃系统较白桃系统感病。

防治方法 ①结合冬剪，清除被害枝梢。低洼积水地注意开沟排渍；增施有机肥及磷、钾肥。②开花前刮去胶块，再用50%退菌特50克加5%硫悬浮剂250克混合涂抹。③生长期喷洒50%多菌灵可湿性粉剂800倍液或50%混杀

花桃流胶病

硫悬浮剂500倍液、50%苯菌灵可湿性粉剂1 500倍液、70%甲基硫菌灵超微可湿性粉剂1 000倍液。每15天喷1次，共喷3～4次。此外，除真菌可以引起桃流胶病外，各种原因都可引起桃树流胶，如日灼、细菌寄生、虫害等。

66.冠瘿病

又称根癌病。此菌寄主范围广，可侵染93科331个属643个种的植物，包括多种花木。

症状 在植物的根部和茎部形成大小不一的肿瘤，初期幼嫩，后期木质化。病树树势弱，生长迟缓，寿命缩短，甚至造成毁园。

发病规律 冠瘿病根癌菌主要存在于土壤中，可以长期存活，以伤口作为唯一的侵染途径，可随苗木的调运进行远距离传播，是土传加苗传的细菌性病害。

防治方法 ①发现带病苗木及时销毁。②栽培上要尽量减少伤口,对于已经出现症状的植株可先刮除肿瘤后再涂石硫合剂保护伤口。③将99%的硫酸铜($CuSO_4 \cdot 5H_2O$)晶体，配制成1%～2%硫酸铜液，然后分别用100倍液浸泡5分钟，150倍液浸泡10分钟，200倍液浸泡15分种，再分别将浸泡的苗木放入生石灰50倍液浸泡1分钟，然后种植。④用K84生防菌防治保护植物，对桃树及近缘的核果类果树的冠瘿病有较好的防治效果。⑤对熟圃地土壤可施硫磺粉、硫酸铁或漂白粉每公顷75～225千克，做土壤消毒。

冠瘿病

67. 枫香角斑病

症状 主要为害叶。初期叶片出现黄绿色至淡褐色不规则形病斑，病斑内的叶脉变褐色，没有明显边缘。病斑进一步扩展时，颜色逐渐加深，四周受叶脉所阻，边缘逐渐明显。后期形成多角形病斑，其上密生黑色小粒点，即病菌的分生孢子器。角斑病严重发生时，可引起大量落叶。

发病规律 病菌以菌丝体在病叶上越冬，病菌发育适温范围为10～40℃，最适合30℃，翌年5月下旬至6月间，在适宜的温、湿度条件下，产生分生孢子，孢子借雨水传播。整个生长季节病斑均可扩展蔓延，以春、秋季较快。栽培管理不善、肥水不足、树势衰弱、春季多雨、密植园、土壤黏重、排水不良等发病常重。

防治方法 加强水肥管理，增施有机肥，增强树势。密植园要注意修剪，增强下部枝叶光照。结合冬、夏剪，及时清除病枝，集中烧毁。在6～7月间喷洒1：1：300波尔多液或65%代森锌500～800倍液、40%晶体石硫合剂400倍液、50%退菌特可湿性粉剂800倍液保护。

枫香角斑病

68. 膏药病

症状 膏药病主要发生在老树枝上，偶然为害叶片。在被害枝干上长有圆形或不规则形的病菌子实体，平铺，呈膏药状或海绵状。灰色膏药病的实体为浅灰色带紫，子实层平坦；褐色膏药病的实体为褐色，子实层略厚，表面呈丝绒状。两种膏药病子实体衰老时，往往发生龟裂，容易剥离。

发生规律 病原菌以菌丝体在患病枝干上越冬。次年春、夏在温、湿度适宜时，菌丝继续生长形成子实层。担子孢子借气流和介壳虫传播。两种病菌以介壳虫分泌的蜜露为养料，因此，介壳虫发生严重，阴蔽潮湿及管理粗放的樱花，膏药病也必然发生严重。

防治方法 彻底防治介壳虫。剪除病枝，清除病叶。喷0.5～3波美度的石硫合剂。

膏药病

69. 桂花褐斑病

桂花褐斑病是十分普遍的病害，主要侵染叶片，严重的导致全株落叶，影响开花和观赏。杭州等地常有发生。

症状特点 受害叶片开始出现小黄斑，后渐变为黄褐色至灰褐色，病斑近圆形或不规则形，或受叶脉限制扩展而呈多角斑状。病斑直径2～10毫米，外有一黄色晕环。病部在潮湿天气产生黑色霉点，此即为病菌的分生孢子梗和分生孢子。

发病规律 桂花褐斑病菌以菌丝体在病株和病落叶上越冬，成为翌年初侵染来源。每年3月下旬产生分生孢子开始初侵染，分生孢子由气流和雨滴传播，可直接或从伤口、自然孔口侵入，老叶比嫩叶感病。褐斑病在4～10月均有发生，11月后病情消退。高温、高湿有利于发病。品种间抗性存在差异，一般丹桂比金桂、银桂抗病力强。

防治方法 ①冬季修剪去除病叶和清除病落叶，集中烧毁。②5月初喷洒1∶2∶100～200波尔多液，以后可喷洒50%苯来特1 000～1 500倍液或嗪胺灵500倍液或70%甲基托布津1 000倍液。

桂花褐斑病

70. 广玉兰斑点病

症状 病害发生在叶片上。初为黄色至浅褐色的小圆斑，后逐渐扩展为圆形或不规则形较大的病斑。病斑边缘有赤褐色线纹，中央灰白色，其上散生小黑点。发生严重时，可引起落叶。在广东的广州、湛江、佛山等地发生较重。

发病规律 病菌以菌丝体在病叶和病落叶上越冬。次年气候适宜时，产生分生孢子，借风雨传播，侵染发病。一般8～9月发病较重。

防治方法 及时清除落叶、摘除重病叶，集中烧毁或深埋于土。发病前，喷1次1∶1∶100波尔多液，发病后可喷50%甲基托津可湿性粉剂800倍液。每隔10～15天喷1次，喷药次数视病情而定。

广玉兰叶斑病

71.香樟枝枯病

症状 1~2年生枝条易受侵染，病部初期肿大，树皮纵裂，逐渐出现水渍状腐烂，中后期病部失水，以后病斑逐年扩展至环绕树干，引起枝干枯死、树势衰弱直至全株死亡。

发病规律 病原在1~2年生枝条上，发病枝条叶片发黄，皮层颜色灰褐并逐渐由上而下干枯，病、健交界处病部下陷，病原主要由伤口直接传播。管理不善、林木生长衰弱、树冠通风透光及卫生状况差、土层瘠薄等易发该病。此外林内长期阴暗、土壤板结，潮湿，极易发病。

防治方法 ①搞好修剪、疏伐、剪除病枝。②及时清理林地做好秋、冬清园。③于春季病原尚未活动时刮除病斑并涂刷渗透性较强的药剂如401、402杀菌剂，半月1次，连续2~3次。

香樟枯枝病

72. 竹秆锈病

竹秆锈病又称竹褥病。为害淡竹、刚竹、哺鸡竹、箭竹及刺竹等竹种。毛竹上尚未发现。竹秆被害后，发笋减少，材质变黑发脆，影响工艺价值。发病重的竹子可导致枯死。

症状 病害多发生在竹秆的中、下部或基部，有时小枝上也发生。6～7月间，受害部分产生黄褐色或暗褐色粉质的垫状物（病菌的夏孢子堆），成椭圆形或长条形。到11月至第2年春产生橙褐色如天鹅绒状，着生紧密，不易分离，呈革质的垫状物（病菌的冬孢子堆）。黄褐色垫状物脱落后，竹秆发病部位成黑褐色。

病原 是担子菌中的竹毡锈菌，冬孢子为椭圆形的双细胞，横隔处稍有缢缩，壁光滑，淡黄色或无色，具无色的细长柄，夏孢子近球形或卵形，边缘具小刺状突起，无色至黄褐色。

发生规律 病菌通过孢子随风传播。竹秆锈病在生长过密和经营管理不善的竹林内较易发生。病害都发生在2年生以上的竹子上，当年生的竹子未见发病。

防治方法 ①加强竹林经营管理，合理砍伐，不使竹林过密，也可减少病害发生的机会。②应及早清理病竹，或刮除病部，以免病菌继续蔓延传播；发病重的竹林先刮除病部，再喷涂0.5～1波美度石硫合剂，或粉锈宁每隔7天

竹秆锈病

喷1次，连续喷3次，效果较好。③5月份产生夏孢子堆前或10月份产生冬孢子堆前于竹林内喷1波美度石硫合剂或100～150倍的敌锈钠。

73. 竹丛枝病

竹丛枝病又称雀巢病、扫帚病。为害毛竹、淡竹、旱竹、刚竹、短穗竹、麻竹等，以刚竹属中的竹种发生较为普遍。病竹生长衰弱、出笋减少。为害严重者，整株枯死。

症状 发病初时，个别细弱枝条节间缩短，叶退化呈小鳞片形。病枝在春、秋季不断地长出侧枝，形似扫帚，严重时侧枝密集成丛，形如雀巢。

病原 是真菌子囊菌亚门、核菌纲、球壳菌目中丛枝疣座菌。病菌的子座内有多个不规则的腔室，腔室内产生许多分生孢子。分生孢子无色、细长、3个细胞，两端细胞较粗，中间细胞较细。子囊壳埋生于有性子座中，瓶状，并露出乳头孔口。子囊圆筒形，子囊孢子线形，无色，8个束生、有隔膜，会断裂。

发生规律 4～5月，病枝梢端、叶鞘内产生白色米粒状物，为病菌菌丝和寄主组织形成的假子座。雨后或潮湿的天气，子座上可见乳状的液汁或白色卷须状的分生孢子角。6月间，子座的一侧又长出1层淡紫色或紫褐色的疣状有性子座。9～10月，新长的丛枝梢端叶梢内，也可产生白色米粒状物。但不见有性子座产生。病竹从个别枝条丛枝发展到全部枝条发生丛枝，致使整株枯死。郁闭度大、通风透光不好的竹林，或者低陷处、溪沟边、湿度大的竹林

竹丛枝病

竹丛枝病

以及抚育管理不善的竹林，病害发生较为常见。

防治方法 ①加强竹林抚育管理，按竹龄大小合理及时砍伐，并及时松土、施肥，促进竹林旺盛生长，提高抗病力。②新造竹林，应严格选择母竹，不能用有病母竹造林。③竹林中一旦发现个别丛枝病株，立即剪除病枝烧毁。

74. 五针松落针病

症状 发病后，针叶上开始出现黄绿相间的段斑。到8月初，病斑逐渐扩大，并由黄绿色转为红褐色，病叶开始脱落。至11月，病叶由红褐色转成黄褐色，并在病斑上产生许多小黑点，即性孢子器，此时针叶大部分脱落。第二年三四月，在落叶上产生具有光泽的黑色小点，即病菌的子囊盘。每枚针叶上的子囊盘少则有4～5个，多则有10～20个。

发病规律 在秋季，子囊盘在病落叶上形成，以初生双核菌丝体的原始子实体越冬。在落叶上原始子实体内产生初生造囊菌丝，翌春形成再生造囊菌丝，而产生子囊孢子作为初次侵染来源。4～5月份，子囊盘陆续成熟。子囊孢子借气流传播。从感病到性孢子器出现，经过28～102天。子囊盘成熟期需1.5～4个月。子囊孢子放射期可延续2个月左右。

防治方法 ①秋末彻底清除病叶枯枝集中烧毁，可减少来年的侵染源。②自新芽展叶开始，每半月喷洒1次1:1:100的波尔多液或75%的百菌清可湿性粉剂600倍液，连续3～4次，可防止该病的发生。发病初期，用50%的苯菌灵可湿性粉剂1 000倍液，或75%的百菌清可湿性粉剂500倍液，或50%的代森铵水剂800倍液，交替喷洒枝叶，每10天1次，连续3～4次。

五针松落针病

75. 罗汉松叶枯病

罗汉松叶枯病是庭园、绿地常见的病害，主要为害叶片，发病严重的植株大部分叶片叶尖干枯，影响景观。

症状特点 病害早期多在嫩梢部位的叶片上发生。叶片发病又多从叶尖、叶缘开始，向叶基扩展，病斑条形或不规则形，灰褐色至灰白色，边缘淡红褐色，病健交界处明显。病枯斑大多达叶片的1/2或2/3，严重的整个梢头的叶片枯死，形成枝条干枯或大部分叶片死亡。后期病部长出扁平的小黑点，此为病菌的分生孢子盘。

发生规律 病菌以菌丝体或分生孢子在病叶或落叶上越冬。第二年春产生分生孢子，借风雨传播。病害每年3月开始发生，11月基本停止。夏、秋多雨或潮湿天气，尤其是在台风雨后发病最重。植株过密，通风不良，或栽植在迎风口处，或遭日灼、冻害、风害造成伤口多，都会加重病情。

防治方法 ①秋末彻底清除病叶枯枝集中烧毁，可减少来年的侵染源。②自新芽展叶开始，每半月喷洒1次1：1：100的波尔多液或75%的百菌清可湿性粉剂600倍液，连续3～4次，可防止该病的发生。发病初期，用50%的苯菌灵可湿性粉剂1 000倍液，或75%的百菌清可湿性

病害

罗汉松叶枯病

粉剂500倍液，或50%的代森铵水剂800倍液，交替喷洒枝叶，每10天1次，连续3～4次。

76.花卉细菌性病害

黄单孢杆菌属细菌，能为害红掌、鸢尾、仙客来、马蹄莲、风信子、桂竹香等花卉。该细菌能够通过3种途径进行侵染，第一种侵染途径是通过叶片进行侵染，常从气孔分布较多的叶缘和叶背开始。在侵染初期，叶背出现水渍状；侵染后期，在叶缘出现棕色斑点，斑点周围叶色变黄。第二种途径是从花梗开始侵染，而后经植株维管束系统迅速传播到整个植株。通过叶片的变黄，可以辨别是系统性侵染或维管束侵染。生长点出现腐烂和黏液。第三种侵染途径是为害根茎、球茎、鳞茎、块根等繁殖器官。

发生规律 在温暖潮湿的条件下，可迅速促进病菌的生长和发育。如果叶片上有损伤，且又有水分（水膜），那么细菌很容易侵入植株体内，病害很容易经灌溉水从感病植株传播至健康植株。植株生长势弱时，对黄单孢杆菌属细菌很敏感，易受侵染。

防治方法 ①选用无病、健壮的组培苗进行种植。②在种植区域的入口处，安装消毒盘，消毒剂可采用甲醛（10%）或含氯的杀菌剂（1%～2%），对进入人员的手、鞋子、工具进行消毒。③红掌周围不要种植天南星科作物，如广东万年青、喜椿竽属及五彩竽属植物。④清除种植区域内的感病植株，用密封的塑料袋包好。感病植株周围的基质也

细菌菌脓
水芋细菌性软腐病

要清除干净。⑤保持适宜的相对湿度，尽可能不打湿植株。⑥施肥时，尽可能使植株体内少产生谷氨酸盐，因为谷氨酸盐是细菌生长发育的物质基础，减少硝酸氨的使用量可降低谷氯酸盐的产生，所以营养液中尽可能降低硝酸胺的使用。保持适宜的钾的含量。⑦可采用喷施抗生素或含铜的药剂进行防治。⑧在重新种植之前，温室要空出6周左右的时间。⑨不要使用滴管，因为很难进行消毒。⑩块根贮藏消毒可用福尔马林80倍液，同时注意通风。

77. 花卉病毒病

鳞球茎花卉植物的种类中主要有郁金香、唐菖蒲、百合、水仙、鸢尾、风信子、大丽花和番红花等8种。病毒的存在往往是在某一或某些品种或杂交种中发现的。

某些寄主如鸢尾、百合、大丽花、唐菖蒲和水仙等受2种或2种以上病毒的复合侵染，而且其侵染率较郁金香、风信子和番红花的要大得多。郁金香上的烟草环斑病毒（TRSV），唐菖蒲上的菜豆黄花叶病毒（BYMV），百合上的百合无症病毒（LSyV），鸢尾上的鸢尾轻花叶病毒（IMMV）和大丽花上的大丽花叶病毒（DMV）。

防治方法 ①蚜传病毒的防治在24种常见病毒中有13种由蚜虫传播。可以矿物油来防治蚜传病毒的传播有时混合使用杀菌剂和杀虫剂。②线虫传病毒的防治在线虫传病毒中，尤以郁金香上的烟草环斑病毒的为害最为广泛和严重。土壤中采用杀线虫剂是最为有效的防治方法。对郁金香来说，适当延迟栽种期，从而避开线虫传毒活跃期的侵染。也可以减轻病害的发病率及为害程度。

鸡冠花病毒病

78. 花木毛毡病

花木毛毡病是由瘿螨刺吸为害引起。叶片的表皮细胞受病原物瘿螨的刺激后伸长和变形成为毛毡状物。可为害贴梗海棠和香樟等。

症状 初期叶片背面产生白色不规则状病斑，之后发病部位隆起，病斑上密生毛毡状物，灰白色，最后毛毡状物变为暗褐色，病斑主要分布于叶脉附近，有的相互连接覆盖整个叶片，叶片的正面看上去凹凸不平，严重的叶片上发生皱缩卷曲，质地变硬，引起早期落叶，影响正常生长。

发病规律 瘿螨以成虫在植物芽的鳞片内或病叶内以及枝条的皮孔内越冬，次年春天，叶片抽出时爬到叶片背面进行为害、繁殖。高温干燥情况下繁殖速度较快，在气温30℃左右仅需7天就可完成1代，所以夏、秋两季为毛毡病高发区。

防治方法 防治毛毡病主要是防治螨。①发现个别叶片有螨虫时，及时摘除，将螨杀死。②及时清除杂草、残枝落叶，减少越冬虫源。③为害期喷73%克螨特乳油2 000倍液，20%三氯杀螨醇乳油600～800倍液，10%吡虫啉乳油1 500～2 000倍液，喷药时必须喷到虫体上，为此要仔细喷叶片背面，也可埋施15%铁灭克，一般15厘米盆径埋药品1.5克。

香樟毛毡病

79. 花卉线虫病

为害一串红、大丽花、山茶花等多种常见花卉，其中根结线虫为害方式是在受害花卉根部形成大量根结。

症状 特异而明显。除根结线虫以外的其他种类的线虫，诸如短体线虫和螺旋线虫等等。这些线虫为害花卉根部不产生根结。但是，其为害可在根部造成伤口，容易引起其他二次寄生菌的侵染，诱发多种花卉根腐病。

鸡冠花线虫病

菊花叶枯线虫病

防治方法 根部线虫以5%克线磷颗粒剂和15%铁灭克颗粒剂为好,其最佳用药量为5%克线磷颗粒剂以花盆土壤重量的0.05%~0.1%,15%的铁灭克颗粒剂以花盆土重量的0.1%~0.2%,35%甲基硫环磷乳油200~500倍,每盆浇灌药液250毫升。

80. 浙江楠藻斑病

绿藻在树上形成表面粗糙灰绿色苔状物，大多发生在老叶和树干上，新叶上为害较少。藻的滋生影响了叶片正常的光合作用。

发生规律 长江中下游的梅雨季节，由于连续的阴雨天气，空气湿度大，绿藻容易发生。在潮湿温暖条件下如山坡阴面；光照不足，潮湿阴暗的山谷；种植过密、生长过于郁闭的树林有利藻类滋生蔓延；管理粗放，通风透光不良有利绿藻生长。

防治方法 ①整枝修剪，保持树林的通风透光、减少郁闭度，平地苗圃开沟防止积水，可有效防治绿藻的发生。②6月初梅雨来临之前防治或在雨间放晴时打药，隔半月1次，2～3次。药剂每公顷可用晶体石硫合剂1 000毫升对水800千克。

浙江楠藻斑

<table>
<tr><td>月</td><td colspan="3">1</td><td colspan="3">2</td><td colspan="3">3</td><td colspan="3">4</td></tr>
<tr><td>旬</td><td>上</td><td>中</td><td>下</td><td>上</td><td>中</td><td>下</td><td>上</td><td>中</td><td>下</td><td>上</td><td>中</td><td>下</td></tr>
<tr><td>发育阶段</td><td colspan="9">休眠期</td><td colspan="3">叶芽萌动期</td></tr>
<tr><td>叶部病害</td><td colspan="12"></td></tr>
<tr><td>树干病害</td><td colspan="12"></td></tr>
<tr><td>蚧虫</td><td colspan="12"></td></tr>
<tr><td>盾蚧</td><td colspan="12"></td></tr>
<tr><td>蚜虫</td><td colspan="12"></td></tr>
<tr><td>食叶害虫</td><td colspan="12"></td></tr>
<tr><td>钻蛀害虫</td><td colspan="12"></td></tr>
<tr><td>叶蜂</td><td colspan="12"></td></tr>
<tr><td>红蜘蛛</td><td colspan="12"></td></tr>
<tr><td>营林抚育</td><td colspan="7">①将枯枝、落叶集中清理出园。②在12月下旬至翌年1月中旬将圃园土壤深翻20厘米左右。③幼树，每株施土杂肥25千克，磷肥1千克和硼肥10～15克；中树适当增加。方法以条状沟施为宜，施肥后应及时覆土。④冬季剪除交叉枝、病虫枝、细弱枝</td><td colspan="5">①当花木幼树的新梢长到50～60厘米时进行树形修剪，以促进早成型。②3月下旬至4月上旬施春花肥，幼树每株尿素0.3～0.5千克；中树每株1～1.5千克</td></tr>
<tr><td>防治措施</td><td colspan="7">主要修剪病枝、蚧虫、小蠹、天牛造成的枯枝等。①结合圃园清理，用3%石灰水进行树干涂白。②对大树枝干病害发生的枝干进行人工刮治，并涂上石硫合剂或402抗菌剂。③药剂清园在3月初之前进行，杀灭介壳虫、红蜘蛛越冬虫态可用机油乳剂、融杀蚧螨等</td><td colspan="5">主要防治初羽化叶蜂成虫、早发食害叶芽的金龟子、蚧虫处于膨大期，兼治蚜虫。①3月中、下旬用杀螟松加上5倍柴油进行涂干，操作时应注意要刮除老皮，塑料薄膜要扎紧。②可用乐斯本、菊酯类杀食叶害虫。③露地苗圃注意防治地下害虫</td></tr>
</table>

综合治理防治历

5			6			7			8		
上	中	下	上	中	下	上	中	下	上	中	下

展叶期／花期／生长期

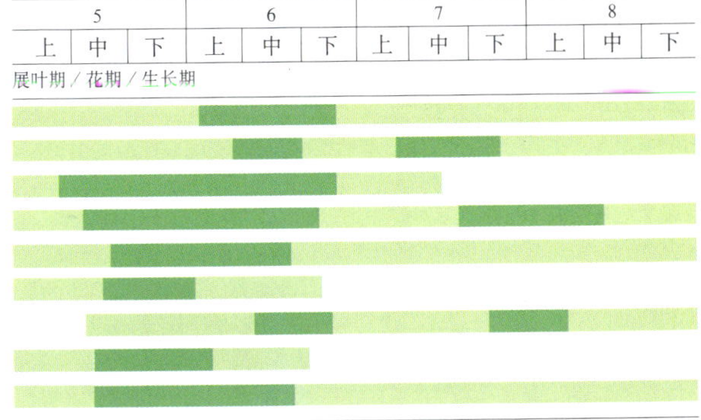

①人工清理树冠下面杂草，减少杂草与花木争肥。②开通周围排水沟，利于排水。③5月中旬进行叶面喷肥，肥料浓度为尿素0.3%、磷酸二氢钾0.2%～0.3%、硼砂0.3%，缺锰地区可加入0.3%硫酸锰。④6月下旬施壮树肥。氮、磷、钾复合肥每667米^{2}20～30千克或尿素、10千克加磷肥20千克加钾肥10千克

①时逢夏季干旱，也是台风多发季节，要合理做好灌水和排水工作。②对幼树整形修剪，轻剪为主，轻重结合，使树形矮化、紧凑、大枝少、内膛通风通光好。③根据当年生产情况和树势生长状况，在7月下旬至8月上旬施壮树肥，每667米^{2}施尿素7.5千克加磷肥5千克加钾肥5千克

主要防治炭疽病、芽枯病、白粉病及各种食叶害虫等。①结合叶面施肥，加入甲基托布津500倍，可防炭疽病、白粉病的发生。②蚧虫为害严重的圃园，用10%吡虫啉1 500倍液喷杀初孵若虫。③食叶害虫及螨害严重的圃园可用苏云阿维可湿性粉剂1 500倍液

主要防治树干病虫。①对大树枝干病害发生的枝干进行人工刮治，并涂上石硫合剂或402抗菌剂。②加强对暴发性食叶害虫的预测预报，食叶害虫成灾前进行防治，可用40%久效磷或杀螟松500倍加甲基托布津1 000倍液，喷雾防治害虫，同时预防炭疽病。③发现天牛树干蛀孔，可用铁丝清除虫粪，并用80%敌敌畏注孔，用黄泥封闭所有蛀孔。④遮阴苗圃注意防治蛞蝓等地下害虫

（续）

月	9			10			11			12		
旬	上	中	下	上	中	下	上	中	下	上	中	下
发育阶段										休眠期		
叶部病害												
树干病害												
蚧虫												
盾蚧												
蚜虫												
食叶害虫												
钻蛀害虫												
叶蜂												
红蜘蛛												
营林抚育	①搞好圃园卫生，人工除草或化学除草。化学除草可用克芜踪每667米^{2}200毫升或10%除草醚每667米^{2}1 000毫升。②适时补肥。叶面喷施0.1%～0.3%尿素，有利于叶芽生长									同1～2月		
防治措施	主要防治螨害兼防腐烂病等。清理圃园，将有病虫害为害的枯枝清理出园									同1～2月		

注：浅绿色条 表示病虫发生期，深绿色条 表示最佳防治时机。